悦读科学丛书

盛新庆 著

伽罗瓦理论之源流

群论建立者的故事、风格、作用

清華大學出版社
北京

内容简介

本书以群论真实的发展过程为基础，通过剖析群论创建中所涉核心数学家（牛顿、欧拉、拉格朗日、高斯、柯西、伽罗瓦等）的身世、风格、作用，多方面展示了群论发展的社会和文化氛围，以及群论创建者自身理性与非理性的交融过程，揭示原创力之根源。

本书可作为中学生和大学生的数学普及教材或素质教育教材，也可供对数学、思想、创造力、教育等主题感兴趣的读者参阅。

图书在版编目(CIP)数据

伽罗瓦理论之源流：群论建立者的故事、风格、作用/盛新庆著. —北京：清华大学出版社，2022.9(2024.8重印)
(悦读科学丛书)
ISBN 978-7-302-61386-2

Ⅰ. ①伽… Ⅱ. ①盛… Ⅲ. ①伽罗瓦理论－普及读物 Ⅳ. ①O153.4-49

中国版本图书馆CIP数据核字(2022)第124662号

责任编辑：鲁永芳
装帧设计：常雪影
责任校对：赵丽敏
责任印制：杨 艳

出版发行：清华大学出版社
网　　址：https://www.tup.com.cn，https://www.wqxuetang.com
地　　址：北京清华大学学研大厦A座　　**邮　　编**：100084
社 总 机：010-83470000　　**邮　　购**：010-62786544
投稿与读者服务：010-62776969，c-service@tup.tsinghua.edu.cn
质量反馈：010-62772015，zhiliang@tup.tsinghua.edu.cn
印 装 者：北京博海升彩色印刷有限公司
经　　销：全国新华书店
开　　本：170mm×240mm　　**印　　张**：8　　**字　　数**：123千字
版　　次：2022年9月第1版　　**印　　次**：2024年8月第3次印刷
定　　价：55.00元

产品编号：097502-01

序

近代数理基础理论的研究成果是人类思维能力的标志，一般都极其抽象，能领略鉴赏者少。这往往造成精英与大众，甚至精英与精英之间思想的差异和思维能力的差距，或许也是导致社会分裂的重要原因之一。因此，普及抽象、难懂的数理研究成果，不仅能激发后人对数理基础研究的兴趣，而且有益于社会健康发展。

将抽象的数理研究成果通俗化是普及这些内容的一种重要形式，但仅此还不够。深入了解成果所涉及的人物、环境、生活习性等世俗化内容，分析成果形下的推动力，也极其重要。科学是“五四”新文化运动的一面旗帜，100 多年过去了，我们不断学习西方先进的科学知识，对科学重要性的认识越来越深。但是深究起来，我们对科学的认识和西方对它的认识仍存差异。这其中一个重要的原因就在于：虽然我们不断系统研究和传授各种科学知识，但是对于产生这些科学知识的世俗化内容，以及形下的推动力，学习和讲授的都少之又少。我们对此的认识是贫瘠的、单一的、教条的，甚至是虚假的。这或许就是为什么虽然我们已是应用科学知识的“巨人”，但仍然是创造科学知识的“侏儒”。

如果说新文化运动让国人觉醒：意识到科学的重要，因而不断地向西方学习科学知识，那么今天似乎还需要一次对科学知识形下源动力的觉醒。这就需要对研究、发现和传播这些重要科学知识的代表人物的经历、社会背景、生活习惯等做真实的分析。我们将会看到：虽然科学知识是极其有条理的、简明的、理性的，但是产生它们的源动力往往是杂乱的、繁复的，甚至是非理性的。当我们试图把社会中的一切杂乱、非理性的东西彻底铲除之后，实际上也就彻底铲除了创造。非黑即白的思维模式是简单粗暴的、可怕的，必将杀死生命和创造力。无限层次的多样性才是生命的本质和创造力的象征。有一种看法认为中国人太实用主义，未来中国最大的挑战是对待真理和自然的态度，并由此引申应该加强基础研究，才能真正超越西方。实际上，当把基础研究看成是一种超越西方必须要做的事情的时候，基础研究就已经变质了，变成了另一个明确的、实用的追逐目标，也就与应用研究没有本质的区别了。基础研究的本质在于理解世界，包括理解自然和人自身。应该说人设的目标越少越好，基础研究的方向基本来自没有任何约束的、人的真实感受。失去灵敏的感受和不断的觉醒，就不会有基础研究。没有真实和自由支撑的基础研究，是另一种虚妄的应用研究，真实和自由才是创造的源泉！

科学是单纯的，艺术是感性的，社会是复杂的。科学追求简明、清晰、严格，这些是力量的保证。艺术追求感觉的敏锐，社会往往复杂多样，这些是活性的保证。常有人说，科学与艺术、科学与社会是可分离的。这是从结果看、从末端看。如果从创造过程看、从源头看，事情就不是这样的。站在琳琅满目、分门别类的概念世界去强调交叉融合，用现有的概念去堆砌新的概念。这样的堆砌，堆得越高，与真实世界离得越远。只有深入世界内部，直面世界，甚至忘掉我们创造的概念，“应无所住，而生其心”，真实地感受世界，世界才显现一体的本原，只有在这样基础上的创造，才有源源不断的活力、真实的意义。

本书试图以伽罗瓦群论的发展历程为线索，分析其所涉人物的世俗化生活和形下之源动力，阐述创造力的源泉，启迪对科学多面性的认识，探索普及科学的另一种方式。

目录

北宋范中
立谿山行旅
圖

第 1 章

对称多项式基本定理：牛顿

对称多项式基本定理是伽罗瓦研究高次方程的一个基础，在伽罗瓦方程理论中具有极其重要的作用。在介绍它之前，让我们先了解一下发现此定理的牛顿，就是发明微积分、构建整个力学理论的那个牛顿。凡念过书的都应该知道牛顿，因为他发明的微积分、力学理论，对人类太重要了。但是，大多数人对牛顿的了解是很不全面的，甚至是不真实的。对于这样一个创造力如此强大的非凡之人，我们应该尽可能了解得全面些，真实些。

1642年，伟大的物理学家伽利略去世了。牛顿就诞生在次年，似乎是为了继承伽利略的意志而来到这个世界。牛顿出生在一个农舍，是个遗腹子。他的母亲出身名门，在他3岁的时候，母亲改嫁给一个年龄是她两倍的富有的教区长。教区长只想要一个妻子，不想要继子。母亲只能让他留在老家，由外公、外婆照顾。直到牛顿10岁，继父去世，母亲又带着和教区长所生的三个孩子回到牛顿身边。

牛顿(1643—1727)

牛顿虽然生在农舍，但其家境并非很贫穷。他的生父去世的时候，其家产超过450英镑，还有200多头绵羊、40多头牛。这在当时算家境不错的了，因为典型的自耕农的家产一般不超过100英镑。因此，母亲改嫁，并非因为家里太穷，活不下去，而是另有原因。让牛顿愤恨的是，母亲在他 3 岁的时候，因为改嫁离开了他，把他交给了外公、外婆看管。这种愤恨情绪可以从保存在剑桥菲茨威廉博物馆的牛顿笔记中看到。这本笔记是自 1662 年初夏的某一天开始记的，那时牛顿已是快 20 岁的大学生。他用记述法列出了两份清单：1662 年之前和之后所犯的罪。其中有两条最令人震惊："威胁我那姓史密斯的父母，要把他们连同房子一起烧掉。""愿意死掉，也希望一些人死掉。"由此可见，孩提时代的牛顿曾有过极度愤恨、绝望的情绪。

总体来看，牛顿是一个安静的孩子，喜欢静静地读书、思考。但是，他有时也有恶劣甚至暴躁的情绪。这从上面提及的他的笔记所记可知。不仅如此，牛顿也曾和同学打架，甚至制服了比他高大的同学。牛顿也有狠、暴的一面。

牛顿是幸运的。他在孩提时代，就遇见了伯乐——他所就读的国王中学的校长斯托克斯先生，以及启迪他智慧的一批好书。

斯托克斯校长是剑桥大学的毕业生，很早就发现了牛顿的天赋，并最终说服牛顿母亲让他继续学习，并考上剑桥大学。牛顿母亲不太重视教育，开始不仅没有听从校长的建议，让牛顿准备上大学，而且让其辍学，留在家里务农。牛顿虽然顺从了母亲之命，但在务农的时候，总是心不在焉，因而常常误事。有一次，他放任他的羊群破坏了田野小树，结果被罚了 3 先令 4 便士。斯托克斯校长在这种情况下，联同牛顿的舅舅（也是剑桥大学毕业生），再次劝说牛顿母亲，并提出免收 40 先令学费的优惠。牛顿最终获得了继续学习的机会，并在 1660 年末，通过了入学考试，走进了剑桥大学。现在已无法说清楚牛顿的哪些特质吸引了斯托克斯校长，或者斯托克斯校长传授了多少知识给牛顿，但可以肯定的是，斯托克斯校长对牛顿天赋的判断是极其准确的，给牛顿营造的学习环境也是极其重要的。从这个例子来看，教育最重要的也许不是具体知识的传授，而是人才的发现，学习环境的营造。

牛顿心智的启迪和知识的获取大多来自于自学。第一本启迪他的书是《自然与工艺的神秘》,作者名叫约翰·贝特,该书第一次发行于1634年。牛顿发现这本书时13岁。书中全是奇妙的机械和器具,以及它们的制造方法和详细说明。少年牛顿按照那些说明,自行设计并制作了能够实际操作的模型机械,如风车、风筝、可用的日晷、纸灯笼等。在晦暗的冬天早晨,他曾打着自制的纸灯笼去上学。因为这本书,牛顿渐渐养成了自制机械器具的习惯和爱好,培养出了灵巧的心智和重视工具的研究方式。

牛顿在国王中学读书时,还幸运地遇到了克拉克一家。克拉克是个药剂师,牛顿和他一家住在一起。牛顿从克拉克那里不仅学到了一些初级化学知识,更为重要的是,克拉克家里藏有大量书籍。这批藏书是克拉克的哥哥约瑟夫·克拉克去世后留下的。约瑟夫·克拉克也是国王中学的教员。牛顿从这批书中极有可能首次看到了培根、笛卡儿、亚里士多德、柏拉图等伟大人物的学说。这批书对牛顿教育的完整性和实用性都比狭窄的学校教育强得多。牛顿的悟性是极高的,他没有局限于学校的教育,而是自然地、开放地面向整个世界。

牛顿是一个清教徒。在清教徒的世界里,只有上帝和知识这两根精神支柱,而追求知识又是上帝赋予他的神圣使命。这两根支柱排解了牛顿没有结婚或成家的心理压力,也抑制了牛顿对物质的欲望。至于牛顿为何变成清教徒,这可能缘于他的天性、生活经历,以及从伟大人物那里获知的学说。或者说,清教徒只是他在这些东西基础上的一个自觉、一种形而上罢了。

牛顿是一位直面世界本源的探索者,在他眼里没有领域之分,只有已知和未知之分。牛顿博览群书,内容涵盖哲学、数学、化学,还有炼金术等,但他很少被这些书所束缚,或者认为书中的结论就是定论。牛顿有本"哲学笔记本",收集了各种疑问,上面清晰地标示出他何时开始逐渐脱离传统观念，质疑他被教导的东西。笔记本中建立了45个题目，他尝试研究和解答关于宇宙的神秘本质。这些题目包括“水与盐的本质”“磁吸引力”“太阳、恒星、行星及彗星的本质”“浮力和重力的本质”等，大多有一段或数段清晰的内容，有些题目栏下甚至出现长长的推论。牛顿思考的问题是何等的宏、博、杂！

牛顿是一个疯狂、执迷、卓越的探索者，他不满足于阅读前人的著作获得知识，更愿意为获得真知进行疯狂的探索。先来看看牛顿的两个疯狂的例子。为了弄清楚眼前因阳光产生的彩色光环和黑点，牛顿一次一次地直视太阳。多年之后，他在给他的政治哲学家朋友洛克写的信中提到了那段经验：

我用右眼透过玻璃片看太阳，经过很短的时间之后，我转过身来面向房间的黑暗角落，睁大眼睛来观察暂留印象。起先，我看到一圈圈有颜色的光环，接着光环逐渐减弱，最后终于消失……这样继续试了几小时之后，我的眼睛竟无法看见光亮的物体了……眼前总是有一个大太阳，使我既不能读又不能写，只好把自己关在黑暗的房子里。三天之后，视力才恢复。在那三天里，我用尽一切方法逃出太阳的幻影。

更疯狂的例子是牛顿对于炼金术的探索。牛顿深知这是件危险的工作，需要深度投入。牛顿尽其所能收集了前人的炼金方法，并且玩命般开展相关实验。据其助手汉弗莱说：牛顿对自己的研究非常专注和认真，以至于吃得很少，时常还彻底忘记了要吃东西……他难得上床睡觉，经常直至凌晨两三点，甚至早上五六点才就寝，睡也仅睡四五个小时而已。有一回长达六个星期：炉火日夜不停地燃烧，他和助手轮流整夜坐守熔炉旁，直至完成实验为止。牛顿在给洛克的信中也提及：在1693年的一段时间，牛顿一连五个晚上没有睡着，出现了精神紊乱的情形。面对探索中众多不可预测的事，牛顿是何等的大胆、忘我！

牛顿在探索中展示了卓越的实践能力,这可能得益于其少年时代制作各种机械器具的爱好,以及由此获得的对世界的真实感悟。牛顿通过探索,了解了白色光不是单色光,而是具有不同折射率的混合光线。这种复合光是造成折射望远镜图像模糊的原因。为此,他在1669年亲自设计和制作了第一款反射望远镜。这架望远镜的体积很小,只有6英寸[①]长,但是却能把物体放大60倍——当时世界上最好的望远镜也不过如此。牛顿老年时跟朋友说起这段经历,他朋友问他这台望远镜和制作这台望远镜的工具是谁做的,他笑着回答:“这台仪器以及制作这台仪器的工具都是我自己动手做的,如果这些都要别人做的话,那我什么也做不了。”牛顿是一位彻底自给自足的探索者,强而有力的学者。我们常说百无一用是书生,那是因为我们的书生,用力方向出了问题。像牛顿这样的书生,简直有排山倒海之力。

牛顿是现代科学的创建者。在牛顿之前,有很多伟大的学者创立了各种各样的关于世界的学说。对于这些学说,牛顿不仅熟悉,而且深深地质疑。牛顿有一句名言:“虚假的事物可以随意想象,唯有真实的事物才能理解。”不少学说在牛顿眼里只是虚假的事物。真实的学说就应该像他的《自然哲学的数学原理》所展示的那样:不仅仅是一个逻辑体系,而且是一个由数学构建出来的精确的演算体系,是一个能被现实证实的演算体系。牛顿的《自然哲学的数学原理》奠定了自然科学的研究范式,是现代科学的标志。正因如此,虽然他在炼金术方面做过深入的研究,但是他最终都不愿意讨论他在这方面的研究进展,因为他在这方面的研究结果远未达到自己的要求。牛顿曾说“真理是沉默和冥想的产物”。这大概就是他研究状态的描述。

牛顿是一位赤子。这不是说牛顿简单或单纯,其实他相当复杂。这里的赤子的意思是,面向世界和未来,牛顿始终清晰地意识到自己只是一

---

① 1英寸=2.54厘米。

个小孩。牛顿当然知道他做出了何等重要的贡献，但在临死前仍说道："我不知道世人会怎么看我。但是，对我自己来说，我好像不过是一个在海边玩耍的男孩，到处寻找一块更光滑的鹅卵石或者一个更漂亮的贝壳。而与此同时，未被发现的真理的大海就躺在我的面前。"这段话对于一个后来重复者来说，没有什么稀奇，只不过是一种谦辞客套而已。可是对于一个做出如此众多杰出发现的学者，第一个说出这样的话，绝不是谦词，而是一种境界，也是真言，来自于其对人性和世界本质的感悟。相较于今天貌似极其有序的世界：以领袖和大师引领，名人中坚，大众跟班的有序严密组织社会，牛顿感悟的世界是原始的、凌乱的、未知的，尽管他发现了有序的天体运行规律。牛顿不是仅仅说说而已。牛顿一直在玩命地做实验，探索炼金术，不幸的是他 1693 年有段时间还出现了精神紊乱。在此之后，或许牛顿意识到自己再没有精力进行长期的冥想，就停止了科学上的探索，改作技术官员，担任造币厂的厂长了。

牛顿 30 多岁时头发就已经花白，但他活到 85 岁，在那个时代，已经算很长寿的了。牛顿最后很富有，有着奢华的家具，而且酷爱深红色：深红色的家具、深红色的窗帘、深红色的安哥拉山羊毛毯和深红色的垫子。

下面再介绍几则关于牛顿的生活趣事。虽然牛顿过着寂寞的生活，不喜社交，但他并不缺朋友。师辈数学家巴罗、皇家学会秘书传教士奥登伯格、皇家学会主席佩皮斯、天文学家哈雷、政治哲学家洛克、财政大臣蒙太格等都可以说是牛顿的朋友，而且都愿意帮助牛顿。只不过牛顿和这些人建立友谊的方式不是通常的社交礼仪与技巧，而是因为探索世界所引起的共鸣。当然，因为荣誉、利益或者沟通不畅，牛顿也有些对手，其中最典型的就是胡克。

胡克生于 1635 年，比牛顿大八岁。与牛顿性格完全不同，胡克喜欢泡在咖啡馆里，和朋友随意聊天。胡克精力充沛，知识杂博，能在毫不相干的问题上随意切换和想象，但是很难长时间集中精力严谨地思考一个问题。1679 年，胡克是当时英国权威学术机构皇家学会的实验主任，并刚刚接替去世的奥登伯格任皇家学会秘书。

牛顿在微积分和光学等方面的研究，虽然没有发表，但也已被当时少数科学界精英所了解，所推崇。牛顿不愿意和胡克进行过多交流，一方面是因为他们之前的交流不太愉快，另一方面是因为牛顿的研究历来主要依靠自身。相反，胡克倒是不断主动和牛顿联系，一方面是因为胡克是学会秘书，有主动联系科学家的义务，另一方面也是因为胡克的研究方式主要是通过了解其他科学家的研究成果并往前推进的。在胡克承诺不会公开牛顿来函的条件下，牛顿给了胡克一个科学小谜题的解答。这个小谜题就是：如果一个物体自高塔上落下，它落到地面时，会因为地球自转而偏离塔的正下方吗？如果是这样，触地点是否在塔的西边呢？牛顿给出的结果是：若略去空气阻力，物体的触地点会稍微偏向塔的东边。他依据自己的计算画出了一幅曲线图，表示物体落下时的途径是一条螺旋线。胡克当即意识到如果塔在伦敦，触地点会偏离南边多于东边，更为重要的是，物体掉落的途径根本不是螺旋线，而是沿着椭圆路径向下掉落。胡克随即违背自己的承诺，在皇家学会例会上宣读了牛顿的信，并十分兴奋地指出了牛顿的错误。不仅如此，胡克还把学会例会的经过写信告诉了牛顿。胡克如此公开宣扬牛顿的失误，不但破坏了牛顿对他的信任，更蓄意破坏了牛顿在学会的名誉。最糟糕的是，胡克的计算根本就是基于臆测，运气好，猜对而已。

牛顿强忍愤怒，冷静地回应了胡克的信，承认了自己的错误，同意“落地点会偏南比偏东多一些”，但是依然坚持物体不会沿椭圆路径下落。很不幸，牛顿又错了。这也说明牛顿是人，不是神。胡克又一次在皇家学会的例会上，当众对牛顿加以毫不留情的批驳。虽然胡克的结论是对的，但其论证漏洞百出，遗憾的是，没有一位皇家学会会员发现胡克论证的错误。

胡克自得于自己的成功以及给牛顿带去的难堪。牛顿震惊于胡克及学会的所为，再也没有回复胡克的信，而且在此后一年多没有写信给任何人。胡克给牛顿带来的伤害是巨大的，以至于牛顿不愿意发表自己的研究成果，直到胡克去世。不过，胡克的羞辱或许是牛顿发现万有引力，出版《自然哲学的数学原理》的动力之一。若干年后，牛顿在给哈雷的信中承认："胡克纠正我的螺旋路径，引发我重新探讨椭圆形轨道，才能使我发现这个理论。"

《自然哲学的数学原理》的出版，为牛顿赢得了前所未有的声誉。一份在历史上最具影响力的人物名单——"100 位伟人"显示，牛顿排名第二，仅居于穆罕默德之后，而位于耶稣基督之前。牛顿之所以获得这项殊荣，是因为他的《自然哲学的数学原理》建立了现代科学的研究范式。为了纪念牛顿，1970 年英国发行了 1 英镑纸币。纸币上牛顿身后是一根开花的树枝，身边是他手制的第一架反射望远镜，手上拿着的正是《自然哲学的数学原理》。世界各国还发行了各种各样的纪念邮票，下面图示列出了其中部分。

1970 年英国发行了 1 英镑纸币

法国 1957 年发行的纪念邮票

英国 1987 年发行的《自然哲学的数学原理》出版 300 周年纪念邮票

苏联 1987 年发行的《自然哲学的数学原理》出版 300 周年纪念邮票

德国 1993 年发行的牛顿诞生 350 周年纪念邮票

关于牛顿就说到这里，下面来看看牛顿发现的多项式对称定理。

一个 n 元多项式 $f(x_1,x_2,\cdots,x_n)$，如果 n 元变量的任何一个置换，多项式都不变，那么这个多项式便是 n 元对称多项式。很显然，这样的对称多项式有无数个。牛顿发现对称多项式基本定理的基本思想是：在无

数个 n 元对称多项式中，可以找到若干基本对称多项式，其他对称多项式都可由这几个基本对称多项式表达出来。这个思想也是欧几里得几何的基本思想：虽然有无数个几何定理，但是都可由若干个公理推理得到。这个思想实际上也贯穿着牛顿所有的研究。牛顿找到了下面 n 个基本对称多项式：

$$\sigma_1 = x_1 + x_2 + \cdots + x_n$$
$$\sigma_2 = x_1x_2 + x_1x_3 + \cdots + x_1x_n + \cdots + x_{n-1}x_n$$
$$\vdots$$
$$\sigma_n = x_1x_2x_3\cdots x_n$$

对称多项式基本定理：任何一个 n 元对称多项式都可由上面 n 个基本对称多项式表达出来。这个定理可用归纳法证明，这里只给出基本思想。

归纳法证明关键的一步就是：假设 $n-1$ 元对称多项式都可由 $n-1$ 个基本对称多项式表达出来，那么据此 n 元对称多项式也可由 n 个基本对称多项式表达出来。首先来考虑 $n-1$ 元基本对称多项式与 n 元基本对称多项式的关系，

$$\sigma_1 = \tau_1 + x_n \Rightarrow \tau_1 = \sigma_1 - x_n$$
$$\sigma_2 = \tau_2 + \tau_1 x_n = \tau_2 + \sigma_1 x_n - x_n^2 \Rightarrow \tau_2 = \sigma_2 - \sigma_1 x_n + x_n^2$$
$$\vdots$$
$$\sigma_n = \tau_{n-1}x_n \Rightarrow 0 = \sigma_n - \sigma_{n-1}x_n + \cdots + (-1)^n \sigma_1 x_n^{n-1} + (-1)^{n+1} x_n^n$$

其中 τ_k 为 $n-1$ 元基本对称多项式。最后一个恒等式很重要，揭示了 x_n 的幂次项与基本对称多项式的关系。据此可以得出：任何 x_n 的 n 次或更高次项都可表达成以基本对称多项式为系数的，关于 x_n 的低于 n 次的

多项式。因此对于任意 n 元对称多项式 f,将其除以上述恒等式右端项,所剩余项的 x_n 幂次项一定次数小于n,因此 f 可表示成

$$f=g_{n-1}x_n^{n-1}+\cdots+g_1x_n+g_0$$

其中 g_k 中尚未表示成基本对称多项式的部分,一定是一个 $n-1$ 元对称多项式。依据假设 g_k 可以由 $n-1$ 元基本对称多项式表达出来,即 $g_k(\tau_1,\tau_2,\cdots,\tau_{n-1})$。又 τ_k 可以用$\sigma_1,\sigma_2,\cdots,\sigma_{n-1}$ 以及 x_n 表示,所以

$$f=f_{n-1}x_n^{n-1}+\cdots+f_1x_n+f_0$$

其中 f_k 是由n 元基本对称多项式表达出来的对称多项式。将上式中的 x_n 换成x_i,因为 f_k 和f 都是对称多项式,所以有

$$f=f_{n-1}x_i^{n-1}+\cdots+f_1x_i+f_0$$

这样的方程有 n 个。将 f_k 视为未知数,它们由这 n 个方程唯一确定。不难验证这个解便是 $f_1=f_2=\cdots=f_{n-1}=0,f_0=f$ 。

对于牛顿来说,这个定理在其众多伟大发现中也许不值一提,但是它是伽罗瓦研究多项式高次方程的一个基石。不过,牛顿当时似乎并没有认识到它的重要性。而且,牛顿也从未清晰地表述过这条定理,更没有给出严格证明,只是隐含于 1665 年或 1666 年他所写下的一些简短笔记中。不过,牛顿显然已了解这里发生的真理。

真理是沉默和冥想的产物。

——牛顿

皇帝立國維初在昔嗣世稱王討伐亂
逆威動四極武義直方戎臣奉詔經時
不久滅六暴強廿有六年上薦高號孝
道顯明既獻泰成乃降專惠親巡遠方
登于繹山群臣從者咸思攸長追念亂
世分土建邦以開爭理功戰日作流血
於野自泰古始世無萬數陀及五帝莫
能禁止乃今皇帝壹家天下兵不復起
災害滅除黔首康定利澤長久群臣誦

第 2 章

高次方程解的形式：欧拉

高次方程求解一直是数学研究中的一个中心问题,伟大的数学家欧拉当然也思考过这个问题。虽然欧拉在此问题上没有做出杰出的贡献,但是也给出了对后人有启发性的一些思考方向。在介绍欧拉这方面工作之前,我们不妨了解一下欧拉。

欧拉于1707年生于瑞士巴塞尔一个牧师家庭。13岁被其父送到巴塞尔大学学习神学,希望他长大能子承父业,成为一名牧师。所幸欧拉在大学认识了伯努利父子三人,经常聚在一起讨论数学问题,并成为终生的朋友。约翰·伯努利很快发现了欧拉的数学天赋,并成功劝说欧拉父亲放弃让儿子成为牧师的愿望,同意他改学数学,最终欧拉成为一名数学家。

欧拉(1707—1783)

欧拉在大学毕业后,申请巴塞尔大学教职。虽然约翰·伯努利极力推荐,但是因资历尚浅被校方拒绝。后由在俄国彼得堡大学任教授的丹尼尔·伯努利推荐,1727年来到圣彼得堡科学院工作。开始,欧拉在科学院医学所工作,因为只有那里有空缺,直到1733年欧拉才在科学院数学所工作。1735年,28岁的欧拉,连续工作3天将彗星运行轨道计算出来之后,突然眼前一片漆黑栽倒在地,右眼再也看不见了。欧拉在圣彼得堡科学院工作了14年,直到1741年,受普鲁士国王腓特烈大帝的邀请,加入柏林科学院，担任数学所所长，1759 年成为柏林科学院领导人。欧拉在柏林待了 25 年。因性格原因，他不受腓特烈大帝喜欢，于 1766 年受叶卡捷琳娜二世邀请，又回到彼得堡。叶卡捷琳娜二世以王室成员的规格礼待了这位大数学家，专门为欧拉准备了一幢雅致而舒适的住宅，全新的家具，八名仆人，还有一名御用厨师。1771 年，欧拉做了一次白内障手术，术后感染，彻底失明。虽然如此不幸，但欧拉依然凭着超常的记忆力和非凡的心算能力，继续研究。1783 年 9 月 18 日傍晚，欧拉请朋友吃饭，当时天王星刚刚被发现，吃饭时欧拉向朋友介绍了天王星轨道的计算。饭后喝茶，在逗孙子玩的时候，欧拉突然中风，烟斗从手里掉下，他喃喃自语道：“我要死了。”他停止了计算，也停止了生命。

欧拉是一位特别善于计算的数学家，尤其擅长无穷的计算，因此被称为“分析的化身”。欧拉尤其懂得如何从不同角度去计算无穷级数以获得奇特的结果。例如，我们知道 e 有下面定义

$$e=\lim_{n\to\infty}\left(1+\frac{1}{n}\right)^n$$

这个式子可从另一个角度计算。依据二项式定理

$$\left(1+\frac{1}{n}\right)^n=1+\frac{n}{1!}\cdot\frac{1}{n}+\frac{n(n-1)}{2!}\cdot\left(\frac{1}{n}\right)^2+\cdots+\frac{n!}{n!}\cdot\left(\frac{1}{n}\right)^n$$

欧拉注意到从第二项开始有

$$\frac{n}{1!}\cdot\frac{1}{n}=\frac{1}{1!}$$

$$\frac{n(n-1)}{2!}\cdot\left(\frac{1}{n}\right)^2=\frac{1}{2!}\ \frac{n}{n}\ \frac{n-1}{n}=\frac{1}{2!}\cdot 1\cdot\left(1-\frac{1}{n}\right)$$

$$\frac{n!}{3!}\cdot\left(\frac{1}{n}\right)^3=\frac{1}{3!}\cdot 1\cdot\left(1-\frac{1}{n}\right)\cdot\left(1-\frac{2}{n}\right)\cdots$$

如果令 $n\to\infty$，系数后面的每一项都趋于 1，因此

$$e=\lim_{n\to\infty}\left(1+\frac{1}{n}\right)^n=1+\frac{1}{1!}+\frac{1}{2!}+\frac{1}{3!}+\cdots+\frac{1}{n!}+\cdots$$

欧拉用类似方法进而得到

$$e^x=\lim_{n\to\infty}\left(1+\frac{1}{n}\right)^{nx}=1+\frac{x}{1!}+\frac{x^2}{2!}+\frac{x^3}{3!}+\cdots+\frac{x^n}{n!}+\cdots$$

在上式中令 $x=\mathrm{i}\theta$，便有

$$e^{\mathrm{i}\theta}=1+\frac{\mathrm{i}\theta}{1!}-\frac{\theta^2}{2!}-\frac{\mathrm{i}\theta^3}{3!}+\cdots+\frac{\mathrm{i}^n\theta^n}{n!}+\cdots$$

而欧拉知道

$$\cos\theta=1-\frac{\theta^2}{2!}+\frac{\theta^4}{4!}+\cdots+(-1)^n\frac{\theta^{2n}}{n!}+\cdots$$
$$\sin\theta=\theta-\frac{\theta^3}{2!}+\frac{\theta^5}{5!}+\cdots+(-1)^n\frac{\theta^{2n+1}}{n!}+\cdots$$

这样就得到了著名的欧拉公式：

$$e^{\mathrm{i}\theta}=\cos\theta+\mathrm{i}\sin\theta$$

再令 $\theta=\pi$，便得到下面非凡、绝美的**欧拉恒等式**：

$$1+e^{\mathrm{i}\pi}=0$$

这个恒等式惊异之处在于：看似毫无关系的无理数 e、π，和虚数单位 i，

竟然有如此简单的关系。欧拉整个计算过程像变戏法，不严格，但结果是正确的，不得不承认欧拉深得无穷计算之妙！

再来看另一个例子。看下面乘积 Z

$$Z=\prod_{\text{所有素数}p}\frac{1}{1-\frac{1}{p}}$$

将上面乘积式中的每一项级数展开得

$$\frac{1}{1-\frac{1}{p}}=1+\frac{1}{p}+\frac{1}{p^2}+\cdots$$

然后用级数展开式相乘，所得每一项一定是 $\frac{1}{n}$ 的形式，又因为乘积式 Z 是关于所有素数的，所以任何一个 $\frac{1}{n}$ 一定对应着级数展开式相乘后的某一项，故有

$$Z=\prod_{\text{所有素数}p}\frac{1}{1-\frac{1}{p}}=1+\frac{1}{2}+\frac{1}{3}+\cdots+\frac{1}{n}+\cdots$$

这是一个研究素数的重要恒等式。此式表明素数是无穷的，因为等式右边是一个发散级数。后来德国杰出的数学家黎曼又将复数引入此恒等式，得到下面的黎曼函数

$$Z(s)=\prod_{\text{所有素数}p}\frac{1}{1-\frac{1}{p^s}}=1+\frac{1}{2^s}+\frac{1}{3^s}+\cdots+\frac{1}{n^s}+\cdots$$

黎曼猜测此函数所有零点的实部都是 1/2，这便是著名的黎曼猜想。

此猜想极为重要，在数论中占据中心位置，由它可以很容易推出一批著名猜想，譬如哥德巴赫猜想。

欧拉是一位纯粹的、平易的数学家，数学几乎是他的一切。他能在任何环境下开展数学研究：可以在圣彼得堡科学院医学部潜心研究；也可以一边怀抱婴儿，一边和孩子嬉戏，一边写数学论文；甚至在双目失明的情况下依然开展数学研究。这或许是来自其惊人的毅力，超常的记忆力，非凡的计算力，但更多的可能是来自他的研究风格或者说生活态度。欧拉研究数学似乎主要靠的不是“想”，更多的是靠“算”，靠“变”。或者说欧拉更重视解决问题，较少考虑构建数学理论，他能把遇到的一切问题都提炼为自己擅长的数学问题，时时刻刻向世人展示计算的力量。至于这个世界究竟是怎么回事，欧拉并不真正纠结，所以特别能随遇而安。也难怪，拉格朗日写信给达朗贝尔说：“我们的朋友欧拉是一个伟大的数学家，但却是一个很糟糕的哲学家。”

欧拉至今仍活在人们的心中。瑞士发行了以欧拉肖像为图案的10瑞士法郎纸币。此外，瑞士分别在1957年、2007年发行了欧拉诞辰250周年、300周年纪念邮票；德国分别在1957年、1983年发行了欧拉诞辰250周年、逝世200周年纪念邮票；苏联在1957年发行了欧拉诞辰250周年纪念邮票。

10瑞士法郎纸币

瑞士发行的欧拉诞辰
250周年纪念邮票

德国发行的欧拉诞辰 250 周年纪念邮票

苏联发行的欧拉诞辰 250 周年纪念邮票

德国发行的欧拉逝世 200 周年纪念邮票

2007 年瑞士发行的欧拉诞辰 300 周年纪念邮票

1732 年，在圣彼得堡科学院工作期间，欧拉首次接触了高次方程求解问题，但并没有做深入研究。30 年后，欧拉在柏林科学院工作时，对此问题作了较为深入的思考，发表了《论任意次方程解》，指出以下任意 n 次方程：

$$f(x)=x^n+a_1x^{n-1}+\cdots+a_{n-1}x+a_n=0$$

其解具有下面的形式

$$A+B\sqrt[n]{\alpha}+C(\sqrt[n]{\alpha})^2+D(\sqrt[n]{\alpha})^2+\cdots$$

其中,α 是某个 $n-1$ 次“辅助”方程的解,A,B,C,D 等是原来方程系数的某个代数表达式。与前人将精力聚焦于寻找具体求解方法不同,欧拉对高次方程求解方式作了总结性思考,抽象出高次方程解的一般形式,为后来者指出了新的方向。读者在后面章节会看到:1824 年阿贝尔的五次方程不可求解的证明就是从上述表示形式开始的。

虽然不允许我们看透自然界本质的秘密，从而认识现象的真实原因，但仍可能发生这样的情形：一定的虚构假设足以解释许多现象。

——欧拉

君諱全字景完
敦煌效穀人也
其先蓋周之胄
武王秉乾之機
翦伐殷商既定
爾勳福祿攸同

第 3 章

拉格朗日定理：拉格朗日

在高次方程求解问题上，虽然牛顿、欧拉都直接或间接地做了工作，但是他们都没有投入太多的精力专门对此问题进行研究。第一位对此问题展开深入研究，并做出重要贡献的大数学家是法国的拉格朗日。

拉格朗日(1736—1813)

拉格朗日1736年出生于意大利都灵，是法国和意大利混血儿。父亲是法国陆军骑兵里的一名军官，后由于经商破产，家道中落。拉格朗日开始学习欧几里得几何学时，并没有对数学显示出特别的兴趣。后来，他被牛顿的朋友哈雷的一篇介绍微积分的短文所吸引，并迅速自学掌握了那时的现代分析。19岁时，拉格朗日创立了变分法，并当上了都灵皇家炮兵学校的教授。拉格朗日23岁时将解决等周问题的变分法写信告诉欧拉。欧拉不仅私下回信高度赞誉其工作，而且有意将自己论文的发表安排在拉格朗日论文发表之后。不仅如此，欧拉还在其发表的论文中，特别说明拉格朗日的变分法是如何帮助其解决了困难。由于欧拉的极力推荐，23岁的拉格朗日当选为柏林科学院的外籍院士。1767年受腓特烈大帝的邀请，拉格朗日接替欧拉出任柏林科学院数学所所长，开始了他一生科学研究的鼎盛时期。在此期间，他完成了《分析力学》一书，这是牛顿之后的一部重要的经典力学著作。拉格朗日书中运用变分原理和分析的方法，建立起完整和谐的力学体系，使力学分析化了。他在序言中宣称：力学已经成为分析的一个分支。1786年腓特烈大帝去世，拉格朗日接受了法王路易十六的邀请，离开柏林，定居巴黎，直至1813年去世。

或许是年轻时的过度用功，影响了拉格朗日的身体。中年以后，他对数学的热情锐减。51 岁时，拉格朗日厌倦了与数学有关的一切，转向研究他认为自己真正感兴趣的东西：玄学、人类思想的发展、宗教史、语言、医学、植物学等。他认为数学已经结束或者至少进入了一个衰落期。

还有一则有意思的事。与高斯将"数论比作数学上的明珠"不同，拉格朗日则认为"算术研究是让他最费脑筋的，也许是最没有价值的研究"。

拉格朗日不仅是一位一流的数学家，而且善于与人相处。他不仅深得腓特烈大帝的喜欢，而且能与拿破仑谈论哲学问题和数学在现代国家中的作用，以至于拿破仑称其为数学科学高耸的金字塔，并让他当上了参议员、帝国伯爵，授予他荣誉军团二级勋章。为了纪念拉格朗日，法国在 1958 年发行了一张纪念邮票。

法国 1958 年发行的邮票

拉格朗日在 1770 年左右达到其数学研究的高峰期，对高次方程求解展开了深入研究。拉格朗日的思路是：系统地梳理以往高次方程求解方法，看看能否总结出一个统一的方法。拉格朗日显然了解，欧拉已经形式上给出了 n 次方程的通解形式

$$A+B\sqrt[n]{\alpha}+C(\sqrt[n]{\alpha})^2+D(\sqrt[n]{\alpha})^3+\cdots$$

问题在于能否以及如何找到其中关键无理项$\sqrt[n]{\alpha}$的表达形式。拉格朗日引入了新的思想去研究这个问题：不是直接去找此无理项$\sqrt[n]{\alpha}$的关于方程系数的表达式，而是寻找此项与方程根的关系，以及这个关系在方程根置换下的变化情况。拉格朗日通过研究以往的高次方程求解方法，发现此无理项可以由方程的 n 个根有理表达出来(这里有理表达是指通过加、减、乘、除运算)，即

$$\sqrt[n]{\alpha}=u(x_1,x_2,\cdots,x_n) \tag{1}$$

这里需要说明的是，拉格朗日只是通过研究二次、三次、四次方程的求解发现了这个关系，但并没有给出严格证明，严格证明是由第 7 章要介绍的年轻数学家阿贝尔完成的。拉格朗日进一步指出这个表达式 $u(x_1,x_2,\cdots,x_n)$ 就是方程求解中所用的变换式，而且这个变换式在根置换下的变化形式数目与方程能否降阶，能否求解直接相关。为了把这个思想说得更清楚，下面以三元多项式为例，假设 $u(x_1,x_2,x_3)$为如下形式：

$$u(x_1,x_2,x_3)=x_1+2x_2+3x_3 \tag{a}$$

如果将(x_1,x_2,x_3)置换为(x_1,x_3,x_2)，简记为

$$\begin{pmatrix}1 & 2 & 3\\ 1 & 3 & 2\end{pmatrix}$$

则 $u(x_1,x_2,x_3)$就变为下列形式

$$u(x_1, x_2, x_3) = x_1 + 2x_3 + 3x_2 \tag{b}$$

很明显，形式(a)和形式(b)是不同的。因为(x_1, x_2, x_3)有 3！=6 种置换，1 种是恒等置换，其他 5 种置换$u(x_1, x_2, x_3)$都发生了变化，因此$u(x_1, x_2, x_3)$在所有置换下有 6 个形式。但是，如果$u(x_1, x_2, x_3)$是下列形式

$$u(x_1, x_2, x_3) = x_1x_2 + x_3$$

则(x_1, x_2, x_3)在所有置换下只有 3 个形式。因为这个多项式是关于x_1和x_2对称的，它们的置换不会带来多项式的变化，因此对于一般多元多项式$u(x_1, x_2, \cdots, x_n)$，在所有置换下的变化形式个数，反映了多元多项式的对称程度。我们知道，多元未知数序列$(x_1, x_2, \cdots, x_n)$有$n!$种置换，如果$u(x_1, x_2, \cdots, x_n)$没有任何对称性，那么每种置换都会使$u(x_1, x_2, \cdots, x_n)$发生形式变化，因此有$n!$个变化形式。但是拉格朗日发现，引入无理项的有理表达式(1)的n次方，即$u^n(x_1, x_2, \cdots, x_n)$往往没有$n!$个形式，这是因为其中某些置换下$u^n(x_1, x_2, \cdots, x_n)$是完全等价的形式。这正是通过引入变换$y = u^n(x_1, x_2, \cdots, x_n)$，原方程能达到降次求解的原因。而且，更为重要的是，拉格朗日还进一步发现，在$n!$个置换下所获得的$u^n(x_1, x_2, \cdots, x_n)$不同形式数$m$一定能整除$n!$，这便是著名的**拉格朗日定理**。

下面以三次方程为例，来具体说明上述拉格朗日的发现。考虑如下三次方程

$$x^3 + px + q = 0$$

我们知道此方程的 3 个根为

$$x_1 = \sqrt[3]{r_1} + \sqrt[3]{r_2}$$
$$x_2 = \omega \sqrt[3]{r_1} + \omega^2 \sqrt[3]{r_2}$$
$$x_3 = \omega^2 \sqrt[3]{r_1} + \omega \sqrt[3]{r_2}$$

其中 ω 是三次单位根，r_1、r_2 是下面二次方程的根

$$r^2 + qr - \frac{p}{27} = 0$$

很容易验证

$$\sqrt[3]{r_1} = \frac{x_1 + \omega^2 x_2 + \omega x_3}{3}$$
$$\sqrt[3]{r_2} = \frac{x_1 + \omega x_2 + \omega^2 x_3}{3}$$

考虑表达式 $x_1 + \omega x_2 + \omega^2 x_3$ 在 (x_1, x_2, x_3) 所有置换下的形式。它们分别是

$$u_1 = x_1 + \omega x_2 + \omega^2 x_3$$
$$u_2 = x_1 + \omega^2 x_2 + \omega x_3$$
$$u_3 = \omega x_1 + \omega^2 x_2 + x_3$$
$$u_4 = \omega x_1 + x_2 + \omega^2 x_3$$
$$u_5 = \omega^2 x_1 + x_2 + \omega x_3$$
$$u_6 = \omega^2 x_1 + \omega x_2 + x_3$$

显然，这 6 种形式是不同的，但是如果考虑 $(x_1 + \omega x_2 + \omega^2 x_3)^3$，那么就只有 2 个不同形式，因为

$$u_4^3=(\omega x_1+x_2+\omega^2 x_3)^3=[\omega(x_1+\omega^2 x_2+\omega x_3)]^3$$
$$=(x_1+\omega^2 x_2+\omega x_3)^3=u_2^3$$
$$u_6^3=(\omega^2 x_1+\omega x_2+x_3)^3=[\omega^2(x_1+\omega^2 x_2+\omega x_3)]^3$$
$$=(x_1+\omega^2 x_2+\omega x_3)^3=u_2^3$$
$$u_3^3=(\omega x_1+\omega^2 x_2+x_3)^3=[\omega(x_1+\omega x_2+\omega^2 x_3)]^3$$
$$=(x_1+\omega x_2+\omega^2 x_3)^3=u_1^3$$
$$u_5^3=(\omega^2 x_1+x_2+\omega x_3)^3=[\omega^2(x_1+\omega x_2+\omega^2 x_3)]^3$$
$$=(x_1+\omega x_2+\omega^2 x_3)^3=u_1^3$$

正因如此，原方程便可以降次求解了。为了更清晰地了解这一过程，考虑如下以 u_1,u_2,u_3,u_4,u_5,u_6 为根的高次方程：

$$(y-u_1)(y-u_2)(y-u_3)(y-u_4)(y-u_5)(y-u_6)=0 \quad (2)$$

方程左边 6 个因子可分成两组：一组为$(y-u_1)$、$(y-u_3)$、$(y-u_5)$；另一组为$(y-u_2)$、$(y-u_4)$、$(y-u_6)$。前一组 3 个因子相乘兼并成$(y-u_1)(y-u_3)(y-u_5)=y^3-u_1^3$，后一组 3 个因子相乘兼并成$(y-u_2)(y-u_4)(y-u_6)=y^3-u_2^3$。因此令 $z=y^3$，方程(2)就变成一个关于 z 的二次方程，即

$$(z-u_1^3)(z-u_2^3)=0 \quad (3)$$

又因为方程(2)中的 $u_i\,(i=1,2,\cdots,6)$覆盖了表达式 $x_1+\omega x_2+\omega^2 x_3$在 (x_1,x_2,x_3)所有置换下的变化形式，所以方程系数一定是关于 x_1、x_2、x_3 的对称多项式。根据牛顿对称多项式基本定理以及韦达定理，方程(3)的系数一定可由原方程系数表示出来，于是方程(3)便可以确定。这样便可以先解方程(3)求出 z，然后由 z 得到 y，最后由 y 求出 x。

这便是拉格朗日总结出来的系统方法，一般称为预解法，其中方程(3)便是预解方程。

拉格朗日预解法的核心在于找到变换式 $u(x_1, x_2, x_3)$，如果这个变换式的幂次方在所有根置换下的不同形式数目小于原方程次数，那么方程就可以降阶求解。拉格朗日的注意力或许只在于寻找变换式 $u(x_1, x_2, x_3)$，但并没有将变换式抽象出来，单独研究其在所有根置换下的不同形式所形成的集合，后面我们会介绍这个集合就是伽罗瓦群。伽罗瓦清晰严格地揭示了求解方程的所有秘密都在伽罗瓦群里。

拉格朗日用这种方法求解四次方程，也获得了成功，可是当他用这种方法挑战五次方程时却失败了。遗憾的是，拉格朗日没有进一步深入分析其中失败的原因，自 1771 年发表论文《关于方程代数解的思考》之后，他再也没有回到高次方程求解这个研究课题，从而失去了发明现代数学基础——群论的机会。若以拉格朗日的数学才能和当时他已获得的在高次方程求解上的重要发现来看，发现群论对他来说是极有可能的。而且，拉格朗日擅长表述且极具影响力，若他发现群论，一定会大大提前现代数学的发展进程。我不知后人该如何吸取教训，才能避免失去这种机会的遗憾，或许拉格朗日下面几段话会有或多或少的暗示。

在刚刚 40 岁时，拉格朗日便写信给他的朋友法国数学家达朗贝尔："我开始感到我的惰性在一点一点地增加，我怀疑能否从现在再干 10 年数学。而且，我还觉得，这个矿井已经太深了，除非发现新矿脉，否则就不得不抛弃它了。"

拉格朗日说："牛顿无疑是特别有天赋的人，但是我们必须承认，他也是最幸运的人：找到建立世界体系的机会只有一次。"他又说："牛顿是多么幸运啊，在他那个时候，世界的体系仍然有待发现呢！"

至于数学，拉格朗日认为它已经结束了，或者至少进入了一个衰落的时期。他甚至预言，数学在科学院和大学中的位置，不久就会跌落到像阿拉伯语那样平凡的水平。

后来的事实证明：拉格朗日错了，在他之后新的数学理论仍在不断地被发现，譬如群论。实际上，世界一直在发展，无尽的理论等待发现、创造。新的理论能否被发现，在于人类投入了多少热情，在于积累是否足够了，在于是否有足够的才能！

在结束本章之前，还需提及另一位法国人范德蒙德。这位法国人对数学、音乐都有兴趣，还是狂热的法国革命支持者。他于 1770 年 11 月，在巴黎法国科学院宣读了一篇论文，随后又在该科学院宣读了三篇论文。这四篇论文的思想和拉格朗日的思想有很多相似之处，但表述较为粗糙。这四篇论文据说就是他的全部数学成果。他的论文虽然早于拉格朗日，但是没有受到关注。没有证据表明拉格朗日知道范德蒙德的工作。

如果我继承可观的财产，我在数学上可能没有多少价值了。

——拉格朗日

永和九年歲在癸丑暮春之初會
于會稽山陰之蘭亭脩稧事
也群賢畢至少長咸集此地
有崇山峻領茂林脩竹又有清流激
湍暎帶左右引以為流觴曲水
列坐其次雖無絲竹管弦之
盛一觴一詠亦足以暢敘幽情
是日也天朗氣清惠風和暢仰
觀宇宙之大俯察品類之盛
所以遊目騁懷足以極視聽之
娛信可樂也夫人之相與俯仰
一世或取諸懷抱悟言一室之内
或因寄所託放浪形骸之外雖
趣舍萬殊靜躁不同當其欣
於所遇暫得於己快然自足不
知老之將至及其所之既惓情
隨事遷感慨係之矣向之所
欣俛仰之間以為陳跡猶不
能不以之興懷況脩短隨化終
期於盡古人云死生亦大矣豈
不痛哉每攬昔人興感之由
若合一契未嘗不臨文嗟悼不
能喻之於懷固知一死生為虛
誕齊彭殤為妄作後之視今
亦由今之視昔悲夫故列
敘時人錄其所述雖世殊事
異所以興懷其致一也後之攬
者亦將有感於斯文

第 4 章

5次方程不可根式求解的证明：鲁菲尼

欧拉给出了高次方程解形式的统一表达式，其中关键一点就是引入了**无理根号项**。第 3 章介绍了拉格朗日在高次方程求解方面取得的突破性进展：建立了欧拉无理根号项与方程根之间的关系。基于这个关系，意大利学者鲁菲尼第一个给出了 5 次方程不可根式求解的证明思路。

鲁菲尼 1756 生于意大利的瓦伦塔诺，就读于摩德纳大学，1788 年获哲学和医学学位，并很快拥有摩德纳大学教席。由于拒绝公民宣誓，鲁菲尼曾一度被剥夺教席，直到 1799 年才恢复。在这段时间，鲁菲尼一边行医，一边做数学研究，并在 1799 年第一次给出了 5 次方程不能用根式法求解的证明。鲁菲尼的第一个证明是有缺陷的，不过他继续研究，不断给出新的证明版本，并不断将自己的研究成果寄给当时著名的法国数学达朗贝尔、拉格朗日、柯西等。拉格朗日、勒让德等还组织了一个委员会审查论文。可能是由于表达晦涩、模糊，鲁菲尼的证明并没有得到认可。直到 1821 年，鲁菲尼去世的前一年，柯西才给鲁菲尼寄去了一封信。信中柯西赞扬了鲁菲尼的工作，并声明以柯西自己的观点，鲁菲尼已经证明了 5 次方程不可根式求解。

鲁菲尼证明的思路是基于拉格朗日建立的引入根号项与方程根之间的关系，即$\sqrt[n]{\alpha}=u(x_1,x_2,\cdots,x_n)$。依据此关系，如果 α 是方程系数的有理表达式，那么无论$(x_1,x_2,\cdots,x_n)$如何置换，此关系左边一定只有 n 个取值，这对方程右边是一个限制。鲁菲尼的发现在于：**一个多元多项式 $u(x_1,x_2,\cdots,x_n)$ 在所有置换下的形式种类是有其自身制约的**。如果这个多元多项式的内在制约不能满足关系左边的限制，那么就证明了这个关系的不存在。鲁菲尼较为系统地研究了 5 元多项式 $u(x_1,x_2,\cdots,x_5)$ 在所有置换下的形式种类，发现无论 $u(x_1,x_2,\cdots,x_5)$ 是什么形式，在所有置换下的形式种类不可能是 3 或 4。这是一个关键的发现，鲁菲尼也正是利用这个发现证明了 5 次方程不可根式求解。

可惜的是，鲁菲尼的工作在当时并没有受到关注，对后世影响也很小。如果说有影响，那也是鲁菲尼通过影响柯西，再通过柯西的工作而影响后世的。柯西于 1815 年发表了一篇论文，在鲁菲尼工作的基础上，清晰严格地证明了如果 p(素数)元多项式 $u(x_1,x_2,\cdots,x_p)$在所有置换下的形式种类小于 p，那么 $u(x_1,x_2,\cdots,x_p)$只有两种情况：一种是完全对称，即所有置换下只有一个形式；另一种是有两种变化形式。柯西的这个结论是极其重要的。读者后面会看到：无论是阿贝尔，还是伽罗瓦，他们的工作都是利用了这个结论才取得成功的。

后世研究鲁菲尼的数学家指出：鲁菲尼的先驱工作没有产生影响力的一个重要原因是，鲁菲尼论文中缺乏清晰的概念和有效的数学符号体系。实际上，在发挥数学影响力方面，不仅研究数学成果如何清晰严格表述是重要的，而且研究如何通俗表述也极为重要的。

一个没有几分诗人才气的数学家永远不会成为一个完全数学家。

——魏尔斯特拉斯

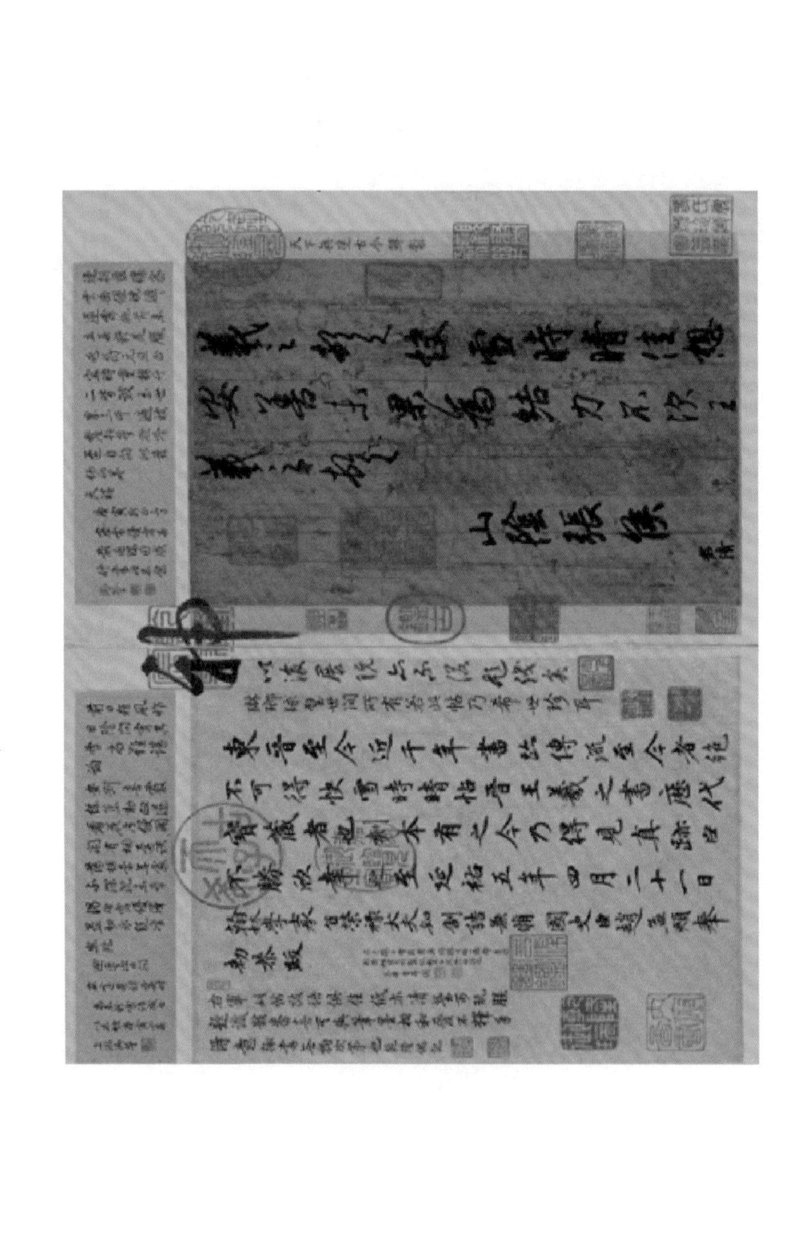

第 5 章

分圆方程求解：高斯

在拉格朗日之后，另一位伟大的德国数学家高斯也在高次方程方面取得了独立的重要研究成果。高斯研究的是一类特殊的高次方程——分圆方程。高斯研究成果的一个重要应用，就是给出了正17多边形的尺规作图方法。这项成果直接促成了高斯决定选择数学作为自己的职业。在此之前，高斯一直在数学与语言学之间徘徊。高斯曾向友人表示：要在其墓碑上饰上正17边形。由此可见，这项工作对高斯的意义。拉格朗日也称赞这项工作"包含了最美的分析发现"。

高斯(1777—1855)

高斯1777年生于德国不伦瑞克一个手工业者家庭。父亲是水工师傅，兼作各种杂活，一直想让高斯走他的路，亏得母亲始终支持他进行数学研究。高斯很小就表现出惊人的计算能力，并幸运地得到了费迪南德公爵的赏识。在费迪南德公爵的资助下，高斯先就读于不伦瑞克的卡洛琳预科学校，后于1795年离开不伦瑞克去哥廷根大学就读。哥廷根位于不伦瑞克以南100多公里，那时对于不伦瑞克而言，它已是"外国"。高斯选择哥廷根大学就读，违背了费迪南德公爵的意愿，公爵希望高斯就读于本地的一所大学。幸运的是，公爵很开明和大度，依然慷慨资助高斯。高斯的坚持是明智的，因为哥廷根有更好的图书馆和自由的学术氛围。高斯在那里实现了腾飞。入学不到一年，高斯于1796年就给出正17边形的尺规作图法。大学3年是高斯的第一个研究高峰期，他的成果不断，除了正17边形尺规作图法，其他代表性的有：二次互反律的证明和代数基本定理的证明。在公爵的建议下，高斯做了"代数基本定理证明"的论文，获得了不伦瑞克的海尔姆斯泰特大学的哲学博士学位。1801年，高斯短暂放弃了纯数学研究，开始了星体轨迹的计算研究。高斯利用自己发明的最小二乘法，只利用三次谷神星的观察数据，便确定谷神星的运动轨迹，而且被观察所证实。1802年，高斯又准确预测了智神星的位置。高斯这两次小行星位置预测的成功，给他带来了巨大的国际声誉，超过了其数学上的其他成就所带来的声誉。俄国圣彼得堡科学院选其为会员，并提供席位。1801年，高斯的杰作《算术探索》在公爵的资助下出版。在公爵的强力资助和建议下，高斯谢绝了圣彼得堡提供的教授席位，继续留在不伦瑞克开展学术研究，直到1806年公爵去世。高斯晚年回忆这件事时曾说：没有接受圣彼得堡的席位而成为一个纯粹的数学家，是命运使然。1807年，高斯离开家乡，就职哥廷根大学天文台并任台长，从此就没有离开过哥廷根。19世纪20年代是高斯的第二个研究高峰时期，他在数论、分析、复变函数论等方面取得了一系列深刻的研究成果。19世纪20年代末，由于实际需要，高斯开始了大地测量方面的工作。19世纪30年代中期他开始转向电磁学研究。虽然高斯在这两方面也取得了很多切实的成果，但影响力远不及纯数学研究成果。在这两个时期，尽管高斯纯数学研究成果少了，但高斯从未停止纯数学研究。1828年他发表的《弯曲曲面之一般探讨》就是一篇微分几何的开拓性论文。从高斯与友人的通信中可以知道：这一时期高斯还一直在思考非欧几何。19世纪40年代起，高斯生活的节奏开始变慢，强度也明显减弱，发表的东西大多是老问题的变种、评论、报道或一些小问题的解。高斯有过两次婚姻：一次于1805年，当时高斯28岁，妻子25岁，是家乡一位制革工头的女儿，婚后4年难产去世了；一年后，为了孩子，高斯决定再婚，第二任妻子22岁，是哥廷根大学法学教授的女儿。1831年，第二任妻子死于肺结核。高斯一直遵循严格的生活起居和饮食习惯，身体一直不错，没有严重的疾病。不过，在第一任妻子去世后，高斯就时常被疑病症和抑郁症所困扰。在其晚年的科学笔记中，冒出过“死亡比这样活着更好”的句子。1855年2月23日凌晨1时5分，高斯停止了呼吸，平静地与世长辞。

高斯是德国屹立于世界文化之林的支柱之一。从 1989 年到 2001 年年底，他的肖像和他所发现的正态分布曲线与一些在哥廷根突出的建筑物，一起被设计在德国 10 马克的钞票上。德国还发行了三种纪念高斯的邮票。第一种邮票发行于 1955 年，以纪念其逝世 100 周年；另外两种邮票发行于 1977 年，以纪念其 200 周年诞辰。

德国 10 马克的钞票

德国 1955 年发行高斯逝世 100 周年的邮票

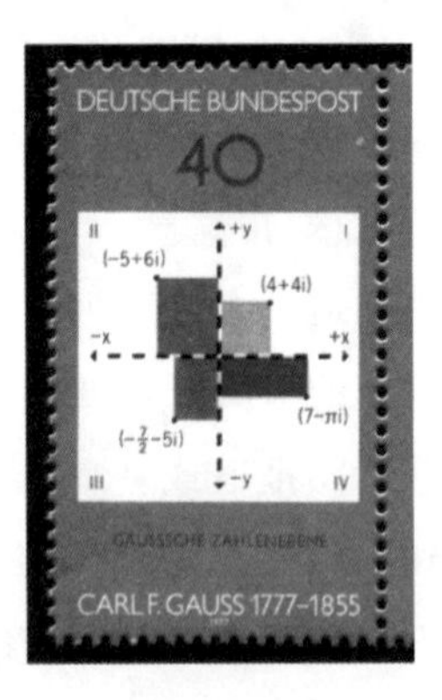

德国 1977 年发行的两张纪念高斯诞辰 200 周年的邮票

高斯是一位理论构建型数学家。1816 年巴黎科学院把证明费马大定理作为 1816—1818 年的悬赏问题。高斯的友人怂恿他参赛，高斯回答说："我承认，费马大定理作为一条孤立的定理，我对它兴趣很小，因为可以容易地建立大量这类定理，人们既不能证明也不能否定。然而，它又一次激励我想起大大拓展数论的一些老想法。当然这种理论属于这样的范围，人们不能预期在达到远处朦胧地徘徊的目标中会取得何种程度的成功。幸运之星必须占上风，而我的情形和那么多分散精力的业务当然不允许我从事如同我在1796—1798年间创建《算术研究》主要论题时那些愉快岁月里那样的思索。不过我相信，如果能有比我期望还多的好运气，并使我在这一理论上成功地取得某些进展，那么甚至费马大定理也将只是意义不大的推论之一。”这不是说高斯不注重具体问题，而是注重什么样的具体问题。高斯对于理论的构建，往往基于对核心问题的换角度思考或者说引入新思想去思考老问题。比如他就给出二次互反律的8种证明，代数基本定理的6种证明，每一种证明都是一种新的思考。高斯似乎是通过不同证明的比较，发现真正的本质，再由这个本质出发，像欧几里得几何一样构建出一套理论。高斯是追求严格证明的数学家，不过他追求严格证明，是为了真正的理解。虚数，只有在高斯证明了代数基本定理之后才在高斯心中真正落实了。高斯有一枚纹章，纹章上刻的是一棵树，上面没有几颗果实，并刻有铭言：“少而精”。好理论使世界少而精。

高斯是一位重视并擅长计算的数学家。虽然高斯是一位追求理论构建的数学家，但并不妨碍他拥有计算方面的惊人才能。一个流行的故事就是高斯很小就发现了1＋2＋3＋…＋100的计算技巧。另一个故事是数学史家M.康托尔记载的高斯给他们上课的情形：“桌上摆满了对数表，高斯按照纸张的颜色、数的组成形式、它们的大小是否相同等来解释它们之间的差别，他说到表中数的位数及其计算，然后非常严肃地说：‘你们根本不知道对数表计算中有多少诗意。’”虽然高斯晚年逐渐对繁长的计算有些厌烦，但通常仍能从计算中获得乐趣。高斯在计算时很少出错，有很多检验结果的灵活方法，他乐于简化冗长的演算或分析。

高斯是一位有很高哲学素养的学者。高斯的藏书中有休谟、培根、康德、笛卡儿、洛克等的著作，并且他仔细研读过，如康德的《纯粹理性的批判》他就读过5遍。这或许能解释他的工作总是基本的、原创的，而且几乎抓住了他那个时代所有重要的数学方向。不过，哲学对于高斯来说并非指导，只是启发。高斯就指出"康德关于分析定理与综合定理的区别不是废话连篇就是错误的"。

下面我们就来具体看看高斯在分圆方程研究上做了哪些工作。下面是 n 次分圆方程

$$x^n - 1 = 0$$

这个方程除了有 $x=1$ 一个根外，还有其他 $n-1$ 个根满足下面方程

$$x^{n-1} + x^{n-2} + \cdots + x + 1 = 0 \tag{1}$$

其实，方程(1)的 $n-1$ 个根也可以显式表达：$x_m = \mathrm{e}^{\mathrm{j}\frac{2m\pi}{n}}$ $(m=1,2,\cdots,n-1)$。不过，高斯关心的是：能否根式表达？如果都能用二次根式表达，那么此根就能用尺规作出来。

高斯和拉格朗日类似，不是直接去找根 $\mathrm{e}^{\mathrm{j}\frac{2m\pi}{n}}$ 的根式表达，而是去找根之间的关系。

首先介绍一个数论中的概念——原根。如果 $1, g, g^2, \cdots, g^{n-2}$ 这 $n-1$ 个数对模 n 同余于(可能有不同的次序)数 $1,2,3,\cdots,n-1$，那么数 g 对于模 n 来说就是原根。

高斯发现：**如果 $n-1=mf$，那么分圆方程的 $n-1$ 个根就可以分成 m 种类型，而且不同类型之间可以相互表示。**

下面具体来说一下怎么分类，以及怎么建立它们之间的关系。为方

便，记 $[\lambda]=e^{j\frac{2\lambda\pi}{n}}$，$h=g^m$。在这 m 种类型中，每一类都有 f 个根，且每一类的所有根都可以表示成

$$[\lambda],[\lambda h],[\lambda h^2],\cdots,[\lambda h^{f-1}]$$

以 (f,λ) 表示它们的和，即

$$(f,\lambda)=[\lambda]+[\lambda h]+[\lambda h^2]+\cdots+[\lambda h^{f-1}]$$

高斯称这个和为周期 (f,λ)。每一类都对应着一个周期。如果把每个周期作为一个元素，那么 m 种类型对应着的 m 个便构成了一个集合。高斯研究了这个集合中的任意两个元素，即任意两个周期相乘的结果，发现它可以用集合中的元素线性表达出来。从集合中任选一个周期，如 (f,λ_0)，记为 p，高斯发现集合中任意一个元素都可以用不高于 m 次 p 的多项式表达出来，即

$$(f,\mu)=a_m p^m+a_{m-1}p^{m-1}+\cdots+a_1 p+a_0$$

由此不难看到，方程(1)可简化成关于 m 个周期为根的 m 次多项式方程。依据这个方法，对于一个 17 次分圆方程，因为此时 $n-1=16=2^4$ 只要通过 4 次简化，便可将原方程简化成 2 次方程，而且其中每次简化都只要解一个 2 次方程，所以 17 次分圆方程的根可以由 4 层嵌套的平方根表达出来，这就意味着正 17 边形可用尺规作出来。这印证了高斯的话：正 17 边形尺规作图只是他的理论的一个意义不大的推论而已。

为了更加具体，下面就用上述高斯的通用求解分圆方程方法求解 5 次分圆方程

$$x^5-1=0$$

我们知道此方程的 4 个非平凡复根可以显式表达为：$x_l = e^{j\frac{2l\pi}{5}}$（$l=1,2,\cdots,4$）。因为此时 $n-1=4=2\times 2$,所以上述高斯通用方法中的 $m=2$,$f=2$,这样 4 个非平凡复根可以分成两组,这里取原根 $g=2$，那么 $h=2^2=4$,它们的**周期**便可分别表示为

$$p=(2,1)=[1]+[4]=e^{j\frac{2\pi}{5}}+e^{j\frac{2\times 4\pi}{5}}$$

$$p'=(2,2)=[2]+[2\times 4]=[2]+[3]=e^{j\frac{2\times 2\pi}{5}}+e^{j\frac{2\times 3\pi}{5}}$$

因为 p' 可由 p 的多项式表达出来,即

$$p'=p^2-2$$

又

$$1+p+p'=0$$

所以

$$p^2+p-1=0$$

故

$$p=\frac{-1\pm\sqrt{5}}{2}$$

又

$$p=(2,1)=[1]+[4]=e^{j\frac{2\pi}{5}}+e^{j\frac{8\pi}{5}}=e^{j\frac{2\pi}{5}}+e^{-j\frac{2\pi}{5}}$$

令 $x=e^{j\frac{2\pi}{5}}$，上式就变为

$$x^2-px+1=0$$

这样便最终求出

$$x=\frac{p\pm\sqrt{p^2-4}}{2}$$

高斯的研究对象是分圆方程。如果跳出分圆方程，将高斯的研究工作与拉格朗日的工作放在一起思考，追问一下他们工作中最基本的力量之源，或许会有更高的认识，就能发现更深的东西，找到现代数学的基础之一——群论。这个思考起始于伽罗瓦，第 8 章将会介绍。

数学是科学之皇后,数论是数学之皇后。

——高斯

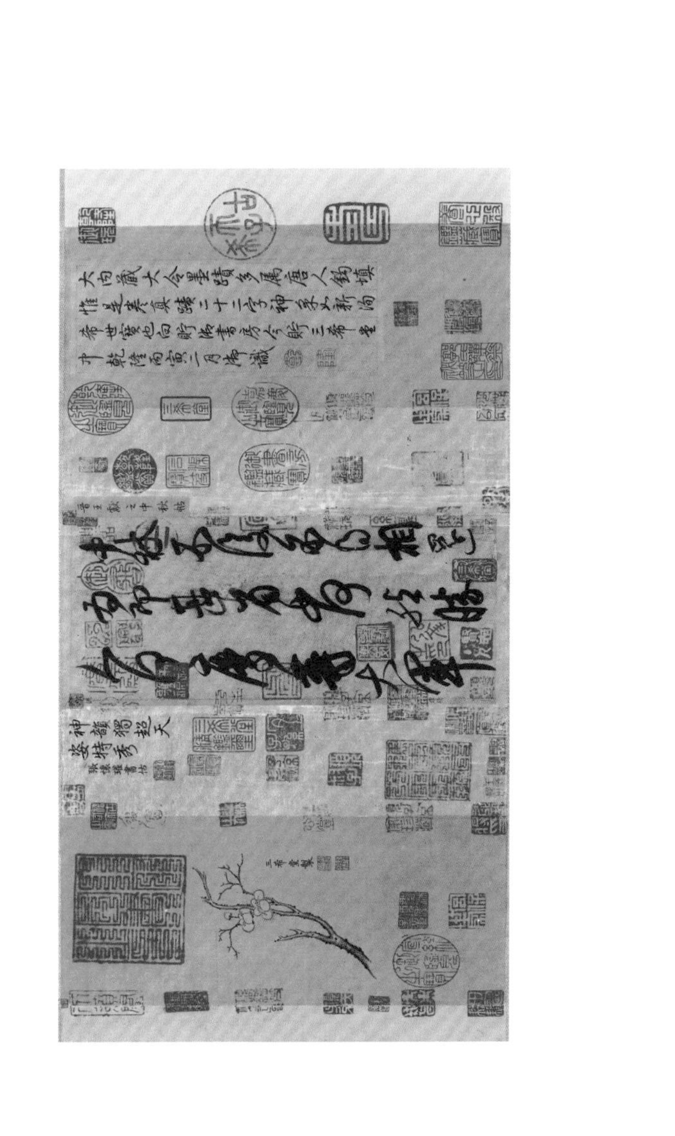

第 6 章

置换运算：柯西

鲁菲尼看到了多元多项式 $u(x_1, x_2, \cdots, x_n)$ 在各种置换下，其形式变化种类所受到的内在约束，但很遗憾没有说清楚。柯西毕竟是一流大数学家，功力自然高出一筹，在鲁菲尼工作的基础上，柯西将置换运算抽象出来，集中精力单独加以研究，通过引入恒等置换、置换运算相乘、置换群、置换阶、循环置换等一系列概念，最终把这个问题搞清楚了，获得了清晰、坚实的结论，成为后来者研究的坚实基础。

柯西(1789—1857)

柯西1789年出生于巴黎，父亲是一位精通古典文学的律师，与法国当时的大数学家拉格朗日和拉普拉斯交往密切。柯西少年时代的数学才华颇受这两位数学家的赏识。尤其重要的是，拉格朗日向其父提醒："如果你不赶快给柯西一点可靠的文学教育，他的趣味就会使他冲昏头脑；他将成为一名伟大的数学家，但是他不会知道怎样用他自己的文字写作。"父亲牢记了这位伟大数学家的提醒，加强了对柯西的文学教育，为柯西日后成为一个文体风格华丽，善于表达的高产数学家奠定了写作基础。柯西于1810年，以优异成绩毕业，前往瑟堡参加海港建设工程。1814年，柯西创立了单复变函数理论。1815年，他发表了置换理论的论文。柯西于1816年先后被任命为法国科学院院士和综合工科学校教授。在拉格朗日和其他一些人的鼓励下，1821年柯西详细写出了《代数分析教程》并出版，给微积分以严格的分析，于同年被任命为巴黎大学力学教授，并在法兰西学院授课。1830年，法国爆发了推翻波旁王朝的革命，由于柯西属于拥护波旁王朝的正统派，他拒绝宣誓效忠，并自行离开法国。他先到瑞士，后于1832—1833年任意大利都灵大学数学物理教授，并参加当地科学院的学术活动。1833—1838年柯西先在布拉格、后在戈尔兹担任波旁王朝“王储”波尔多公爵的教师，研究工作进行得较少。1838年，柯西回到巴黎。由于他没有宣誓对法王效忠，只能参加科学院的学术活动，不能担任教学工作。他在创办不久的《法国科学院论文集》和他自己编写的期刊《分析数学与物理练习》上发表了关于复变函数、天体力学、弹性力学等方面的大批重要论文。后来拿破仑第三特准免除他的忠诚宣誓，他才得以继续进行所担任的教学工作，直到1857年在巴黎近郊逝世时为止。柯西直到去世前仍不断参加学术活动，不断发表科学论文。1857年5月23日，他突然因为热病去世，临终前他还与巴黎大主教在说话，他说的最后一句话是：“人总是要死的，但是，他们的功绩永存。”

柯西被称为堂吉诃德式的数学家。他自己就说过：他像原野上的风车，数学和信仰就是他的双翼。一方面，柯西创造力极强，一生发表789篇论文，在历史上论文数仅次于欧拉。柯西研究数学，和高斯完全不同，他似乎不是谨慎地探索世界的究竟，而是要展示自己的数学能力，不论遇到什么问题都愿意尝试一番，并立刻发表，所以发表的成果总是源源不断，其影响力在当时甚至超过了高斯。但他的成果质量参差不齐，甚至有对有错。另一方面，柯西是一位虔诚的天主教徒，忠实的保皇党。为了信守效忠查理国王的宣誓，柯西竟然放弃了他的所有职务，自愿去流放，还承担了愚蠢的查理十世的家庭教师。无论是对数学，还是对天主教，柯西都是充满着堂吉诃德式的热情。或许，柯西的强大创造力也就来源于此，来源于这种堂吉诃德式的热情。

为了纪念柯西，法国在其诞辰200周年之际，发行了纪念邮票。

柯西1815年发表了置换理论的论文，首次证明了如果p(p是素数)元多项式$u(x_1,x_2,\cdots,x_p)$在所有置换下的形式种类小于p，那么$u(x_1,$

1989 年发行的柯西纪念邮票

$x_2,\cdots,x_p$)只有两种情况：一种只有一个完全对称形式；另一种有两个变化形式。这个证明揭示了置换的变化机理，让人们真正理解了置换的变化规律。

柯西的研究思路是这样的：**首先找出所有置换的基本构成单位**。柯西发现任何一个置换都可以用对换的乘积表达出来(对换为两个变量位置 1 的互换)。例如下面的置换

$$\begin{pmatrix}1 & 2 & 3 & 4 & 5 & 6\\ 2 & 4 & 6 & 5 & 1 & 3\end{pmatrix}$$

首先这个置换可以写成轮换的乘积：1→2→4→5→1，3→6→3，即

$$\begin{pmatrix}1 & 2 & 3 & 4 & 5 & 6\\ 2 & 4 & 6 & 5 & 1 & 3\end{pmatrix}=\begin{pmatrix}1 & 2 & 4 & 5\\ 2 & 4 & 5 & 1\end{pmatrix}\begin{pmatrix}3 & 6\\ 6 & 3\end{pmatrix}$$

上式右边分解式中前面一个置换是 4-轮换，后面一个是 2-轮换(2-轮换就是对换)。前面一个 4-轮换可以进一步分解成下面 3 个对换

$$\begin{pmatrix}1 & 2 & 4 & 5\\ 2 & 4 & 5 & 1\end{pmatrix}=\begin{pmatrix}1 & 2\\ 2 & 1\end{pmatrix}\begin{pmatrix}1 & 4\\ 4 & 1\end{pmatrix}\begin{pmatrix}1 & 5\\ 5 & 1\end{pmatrix}$$

因此原置换就可分解成下面 4 个对换乘积

$$\begin{pmatrix}1&2&3&4&5&6\\2&4&6&5&1&3\end{pmatrix}=\begin{pmatrix}1&2\\2&1\end{pmatrix}\begin{pmatrix}1&4\\4&1\end{pmatrix}\begin{pmatrix}1&5\\5&1\end{pmatrix}\begin{pmatrix}3&6\\6&3\end{pmatrix}$$

显然这种分解是不唯一的。因为在分解式的任何一个位置插入一对对换,整个置换不变。例如在上面分解式第三个对换后面插入下面一对对换

$$\begin{pmatrix}1&3\\3&1\end{pmatrix}\begin{pmatrix}1&3\\3&1\end{pmatrix}$$

分解式仍然成立,即

$$\begin{pmatrix}1&2&3&4&5&6\\2&4&6&5&1&3\end{pmatrix}=\begin{pmatrix}1&2\\2&1\end{pmatrix}\begin{pmatrix}1&4\\4&1\end{pmatrix}\begin{pmatrix}1&5\\5&1\end{pmatrix}\begin{pmatrix}1&3\\3&1\end{pmatrix}\begin{pmatrix}1&3\\3&1\end{pmatrix}\begin{pmatrix}3&6\\6&3\end{pmatrix}$$

但是,分解式无论怎么变,对换个数的奇偶性是不变的。所以我们把分解式中对换个数为偶数的置换称为偶置换,对换个数为奇数的置换称为奇置换。观察上面分解式,还会发现第 1 和第 2 对换相乘,第 3 和第 4 对换相乘,以及第 5 和第 6 对换相乘,分别对应一个 3-轮换。由此不难看出任何一个偶置换都可以分解成 3-轮换的乘积。经过柯西这样一番研究,置换的构成就相当清楚了。

不仅如此,柯西进一步考虑了一个更为重要的问题:**能否将所有置换分类研究**?这个问题实际上也是拉格朗日考虑的问题。只不过他们研究的对象略有不同:拉格朗日研究的是多元多项式在置换下的不同形式个数;柯西研究的重点则是置换本身。柯西考虑了一种特殊的 p 阶置换群,这个群有 p 个 p-轮换,成为 p 阶循环群。例如 5 阶循环群有下面 5 个 5-轮换:

$$\begin{pmatrix}1 & 2 & 3 & 4 & 5\\1 & 2 & 3 & 4 & 5\end{pmatrix}$$

$$\begin{pmatrix}1 & 2 & 3 & 4 & 5\\5 & 1 & 2 & 3 & 4\end{pmatrix}$$

$$\begin{pmatrix}1 & 2 & 3 & 4 & 5\\4 & 5 & 1 & 2 & 3\end{pmatrix}$$

$$\begin{pmatrix}1 & 2 & 3 & 4 & 5\\3 & 4 & 5 & 1 & 2\end{pmatrix}$$

$$\begin{pmatrix}1 & 2 & 3 & 4 & 5\\2 & 3 & 4 & 5 & 1\end{pmatrix}$$

这 p 个 p-轮换有个重要特点：它们之间相乘一定还是它们其中的一个。柯西发现将任何一个 p 阶置换与上述 p 阶循环群相乘得到 p 个置换，这 p 个置换仍然保持了上述重要特点：它们之间相乘一定还是它们其中的一个。而且，在这 p 个置换中，只要有一个与 p 阶循环群的某个置换一样，那么 p 个置换所组成的群就与 p 阶循环群完全一样。由此可知，$p!$ 个置换可被分成 $p!/p=(p-1)!$ 个子群。

下面考虑任何一个 p 阶置换，由它可以形成一个 p 阶循环群——$\{A_1,A_2,\cdots,A_p\}$。例如下面一个5阶置换

$$A=\begin{pmatrix}1 & 2 & 3 & 4 & 5\\2 & 4 & 1 & 5 & 3\end{pmatrix}$$

由它可以形成下面5阶循环群

$$A_1=A=\begin{pmatrix}1 & 2 & 3 & 4 & 5\\2 & 4 & 1 & 5 & 3\end{pmatrix}$$

$$A_2=A^2=\begin{pmatrix}1&2&3&4&5\\4&5&2&3&1\end{pmatrix}$$

$$A_3=A^3=\begin{pmatrix}1&2&3&4&5\\5&3&4&1&2\end{pmatrix}$$

$$A_4=A^4=\begin{pmatrix}1&2&3&4&5\\3&1&5&2&4\end{pmatrix}$$

$$A_5=A^5=\begin{pmatrix}1&2&3&4&5\\1&2&3&4&5\end{pmatrix}$$

我们知道，p 元系统共有 $p!$ 个置换，将其中任何一个置换乘以上述 p 阶循环群得到的 p 个置换所形成的集合称为此 p 阶循环群的陪集。很明显任意两个陪集要么元素完全相同，要么没有一个元素相同，因此，p 元系统的 $p!$ 个置换被 p 阶循环群分成 $(p-1)!$ 陪集。如果一个 p 元多项式在所有置换下的不同形式个数小于 p，那么保持 p 元多项式形式不变的置换数目就会大于 $(p-1)!$，从而必有一个陪集中至少有两个非恒等置换使 p 元多项式形式不变，不妨设其为 $\sigma=XA_i$，$\tau=XA_j$，其中 X 为 p 元系统中的一个置换。因为 $\sigma^{-1}\tau=A_i^{-1}X^{-1}XA_j=A_i^{-1}A_j$，所以 $\sigma^{-1}\tau$ 一定是 p 阶循环群的一个元素，所以 p 阶循环群中的任何一个置换都不会使 p 元多项式形式改变。再来看 p 元系统所有置换被此 p 阶循环群分成的 $(p-1)!$ 个陪集。每个陪集都是一个 p 阶群，它是由 p 元系统的一个置换乘上述 p 阶循环群所得。所以从某种意义上说，一个陪集也可以用 p 元系统的一个置换代表，实际上就是用陪集中的一个元素，即一个置换代表。因为 p 元多项式在所有置换下的不同形式个数小于 p，所以必有两个不同陪集所对应的置换下的 p 元多项式形式是不变。进而它们对应的置换代表相乘所得置换下的多项式形式也是不变的。由此推出所有陪集所对应的置换多项式形式都是不变的，因此任何一个 p 阶置换都不会使 p 元多项式形式改变。

又因为任何一个 3-轮换

$$\begin{pmatrix} x_1 & x_2 & x_3 \\ x_3 & x_1 & x_2 \end{pmatrix}$$

都可以分解为下面两个 p 阶置换的相乘

$$\begin{pmatrix} x_1 & x_2 & x_3 & x_4 & x_5 & \cdots & x_{p-1} & x_p \\ x_2 & x_3 & x_4 & x_5 & x_6 & \cdots & x_p & x_1 \end{pmatrix}$$

$$\begin{pmatrix} x_1 & x_2 & x_3 & x_4 & x_5 & \cdots & x_{p-1} & x_p \\ x_p & x_3 & x_1 & x_2 & x_4 & \cdots & x_{p-2} & x_{p-1} \end{pmatrix}$$

再加上前面说明过的：任何一个偶置换都可以分解成 3-轮换的乘积，所以任何偶置换都不会使 p 元多项式形式改变。因为任何一个奇置换乘上任何一个对换就变成了偶置换，所以任何奇置换也只能使 p 元多项式都变换成一种形式。这样就得到了最终的结论，即：如果 p 元多项式$u(x_1, x_2, \cdots, x_p)$在所有置换下的形式种类小于 p，那么 $u(x_1, x_2, \cdots, x_p)$只有两种情况：一种是只有完全对称形式，一种是有两个变化形式。

至此，柯西就已完全揭示了置换的秘密。柯西是通过引入置换运算，以及分类思想来完成这个研究的。细思上述过程，最本质的力量来自循环群中运算的封闭性，即 $\sigma^{-1}\tau$ 一定是 p 阶循环群中的一个元素。我们在后面章节将会看到，这一点被后人提炼出来，成为一般群定义中的最本质因素。特别值得称道的是，柯西所用的置换符号一直沿用至今，他不愧为表述大师。

人必须确信，如果他是在给科学添加许多新的术语而让读者接着研究那摆在他们面前的奇妙难尽的东西，已经使科学获得了巨大的进展。

——柯西

第 7 章

5次方程不可根式求解的证明：阿贝尔

虽然鲁菲尼第一个给出了5次方程不可根式求解的证明，但极其晦涩，也不严格。再加上鲁菲尼所在的意大利摩德纳大学也非世界学术中心，因此影响很小。真正完整、严密地给出5次方程不可根式求解证明的，应该是挪威年轻数学家阿贝尔。

阿贝尔(1802—1829)

阿贝尔于1802年8月5日出生于挪威奥斯陆，父亲是小村庄的牧师，全家虽然生活穷困，可是父亲还是想法给阿贝尔不错的教育。1815年，阿贝尔进入奥斯陆的一所天主教学校读书，并幸运地得到了老师霍尔姆伯的细心指导，学习了不少著名数学家的著作，包括牛顿、欧拉、拉格朗日及高斯等。阿贝尔在学习这些著作中展现了数学天赋，不但能掌握他们的理论，而且可以找出他们的一些漏洞。1820年，阿贝尔的父亲去世，照顾家人的重担突然落到他的肩上。虽然如此，1821年，他在老师霍尔姆伯的支持下，仍进入奥斯陆大学学习，并于1822年获大学预颁学位。在学校里，他几乎全是自学，同时花大量时间作研究。1824年，阿贝尔完成了5次方程不可根式求解的证明，并整理成文，分发给高斯等大数学家，可惜未受到关注。阿贝尔深感在挪威没有人能给予他研究上的帮助，急切渴望到欧洲拜访那些著名的数学家。1825年，好不容易得到去法国和德国旅行一年的挪威政府资助。阿贝尔首先去了德国。阿贝尔本想去拜访高斯，可是他了解到高斯对他的论文反应比较冷淡之后，就改变了主意，去了柏林。阿贝尔有幸遇到了业余数学爱好者克雷尔。克雷尔是一位建筑工程师，建造了德国第一条铁路，也因此挣到了不少钱。克雷尔不仅把数学作为自己的爱好，还有意创办数学杂志，以促进德国数学的发展。在阿贝尔的影响下，克雷尔创办了《纯数学与应用数学》，并发表了阿贝尔的一系列重要论文，其中第一期就发表了阿贝尔关于5次方程不可根式求解的详尽证明。1826年7月，阿贝尔离开德国到了当时的世界数学研究中心巴黎，拜访了柯西、勒让德、狄利克雷等。很遗憾阿贝尔的工作仍然未受到重视。在巴黎停留的四个月里，阿贝尔穷困潦倒，没有朋友，差不多是在饥寒交迫中度过的，在郁闷中还不幸感染了肺结核。1827年1月，阿贝尔不得不回到柏林。好友克雷尔劝其留在柏林，先静心养病，等病好后，继续担任他的杂志编辑。在此期间，阿贝尔发表了一篇有生以来最长的论文《关于椭圆函数的研究》。尽管克雷尔竭尽全力想法帮阿贝尔在德国大学谋得一个教席，可是未能如愿。1827年5月，阿贝尔离开柏林，回到了祖国挪威。不幸的事继续发生，阿贝尔在自己的祖国也未能谋得一席教职，只能靠老师霍尔姆伯接济生活。直到年末，一所大学才愿意资助其研究。1829年3月，阿贝尔的命运才有了转机，被正式聘为大学讲师，年薪2000法郎。可是，还是晚了些。由于长时间的劳累、精神压抑、久而未治的肺病，此时的阿贝尔已病入膏肓了。1829年4月6日凌晨，阿贝尔离开了这个世界，终年不足27岁。两天之后，好友克雷尔来信通知他，柏林大学已任命他为数学教授。

为了纪念阿贝尔，挪威在其逝世100周年之际发行了一张纪念邮票；在法国1984年发行的一组伟人纪念邮票中，也有一张是纪念阿贝尔的。

1929年挪威发行的纪念邮票

1984年法国发行的纪念邮票

阿贝尔关于5次方程不可根式求解的证明是建立在欧拉、拉格朗日、柯西的工作之上的。其证明思路是：首先利用下面欧拉关于高次方程的通解形式

$$x=p+R^{\frac{1}{m}}+p_2R^{\frac{2}{m}}+\cdots+p_{m-1}R^{\frac{m-1}{m}}$$

对于5次方程，这里 m 应该为5。将此通解形式代入下面原方程

$$x^5+ax^4+bx^3+cx^2+dx+e=0$$

通过简化，便可得到下面形式

$$q+q_1R^{\frac{1}{m}}+q_2R^{\frac{2}{m}}+\cdots+q_{m-1}R^{\frac{m-1}{m}}=0$$

这里 $q,q_1,\cdots,q_{m-1}$ 是 $a,b,c,d,e,p,p_2,\cdots,p_{m-1}$ 及 R 的有理函数。阿贝尔用反证法证明了上述表达式中的 $q,q_1,\cdots,q_{m-1}$ 都必须为0。事实上，令 $z=R^{\frac{1}{m}}$，则有下面两个方程

$$q+q_1z+q_2z^2+\cdots+q_{m-1}z^{m-1}=0$$

以及

$$z^m-R=0$$

如果 $q,q_1,\cdots,q_{m-1}$ 中有一个不为0，那么上述两个方程必有公共根。若公共根个数为 k，则一定可以找到一个 k 次方程，其根为它们的公共根。不妨设此方程为

$$r+r_1z+r_2z^2+\cdots+r_kz^k=0 \tag{1}$$

因为此方程所有根都是方程 $z^m-R=0$ 的根，所以该方程所有根具有形式 $\alpha_\mu z$，这里 α_μ 是方程 $\alpha^m-1=0$ 的一个根。这样通过代换，由方程(1)便可得到下面 k 个方程

$$\begin{aligned}
&r+r_1z+r_2z^2+\cdots+r_kz^k=0\\
&r+\alpha_1r_1z+\alpha_1^2r_2z^2+\cdots+\alpha_1^kr_kz^k=0\\
&\vdots\\
&r+\alpha_{k-1}r_1z+\alpha_{k-1}^2r_2z^2+\cdots+\alpha_{k-1}^kr_kz^k=0
\end{aligned}$$

将上述方程看成是关于未知数 $z,z^2,\cdots,z^k$ 的线性方程组，因此可以得到 z 的用 $r,r_1,\cdots,r_k$ 表示的有理表达式。但这与假设矛盾。故有

$$q=q_1=q_2=\cdots=q_{m-1}=0$$

因此如果原方程的根可以表达成如下通解形式：

$$x=p+R^{\frac{1}{m}}+p_2R^{\frac{2}{m}}+\cdots+p_{m-1}R^{\frac{m-1}{m}}$$

那么原方程的 m 个根便可用 $\alpha^iR^{\frac{1}{m}}$ 代替其中的 $R^{\frac{1}{m}}$ 而得到

$$\begin{aligned}
&x_1=p+R^{\frac{1}{m}}+p_2R^{\frac{2}{m}}+\cdots+p_{m-1}R^{\frac{m-1}{m}}\\
&x_2=p+\alpha R^{\frac{1}{m}}+\alpha^2p_2R^{\frac{2}{m}}+\cdots+\alpha^{m-1}p_{m-1}R^{\frac{m-1}{m}}\\
&\vdots\\
&x_m=p+\alpha^{m-1}R^{\frac{1}{m}}+\alpha^{m-2}p_2R^{\frac{2}{m}}+\cdots+\alpha p_{m-1}R^{\frac{m-1}{m}}
\end{aligned}$$

上述 α 是下面方程的根

$$x^{m-1}+x^{m-2}+\cdots+x+1=0$$

由此可得下面无理项 $R^{\frac{i}{m}}$ 的原方程根有理函数表达式

$$p=\frac{1}{m}(x_1+x_2+\cdots+x_m)$$

$$R^{\frac{1}{m}}=\frac{1}{m}(x_1+\alpha^{m-1}x_2+\cdots+\alpha x_m)$$

$$\vdots$$

$$p_{m-1}R^{\frac{m-1}{m}}=\frac{1}{m}(x_1+\alpha x_2+\cdots+\alpha^{m-1}x_m)$$

上述结论拉格朗日也给出了，只不过拉格朗日没有给出严格证明。这个结论今天称为**阿贝尔定理**。上述证明技巧在阿贝尔下面的证明中还将反复用到。

和鲁菲尼相似，阿贝尔要利用上述无理项 $R^{\frac{i}{m}}$ 的表达式两边分别在根置换下的形式变化个数的内在制约，来揭示假设的不可能，从而证明 5 次方程根式求解的不可能。

依据拉格朗日预解方法，上述无理项 $R^{\frac{i}{m}}$ 中的 R 一般是另一个预解方程的解。此解可类似表达成

$$R=S+v^{\frac{1}{n}}+S_2v^{\frac{2}{n}}+\cdots+S_{n-1}v^{\frac{n-1}{n}}$$

同样上述无理项 $v^{\frac{i}{n}}$ 可用 R 有理表示出来。因为 R 是原方程根的有理函

数，因此无理项 $v^{\frac{i}{n}}$ 也是原方程根的有理函数。由此可见，在拉格朗日预解方法中，任何一次引入的无理项都可表示成原方程根的有理函数。考虑最后一次引入的无理项，记 $R^{\frac{1}{m}}=r$。因为是最后一次，这里的 R 便是原方程系数的有理函数，r 是原方程根的有理函数。考虑根置换，因为 R 是原方程系数的有理函数，即是原方程根的对称表达式，因此在根置换下，$R^{\frac{1}{m}}$ 可取 m 个不同的值。而右边 r 是原方程根的有理函数，根据第 6 章柯西的结论，m 只能取 2 或 5。如果 $m=5$，根据阿贝尔定理证明过程可知，引入的无理项可以写成

$$R^{\frac{1}{m}}=\frac{1}{5}(x_1+\alpha^4 x_2+\cdots+\alpha x_5)$$

这是不可能的。因为等式右边在所有置换下有 5！$=120$ 种变化形式，而左边只有 5 个。

所以 m 只能取 2。于是 r 就应该具有下列形式

$$R^{\frac{1}{2}}=r=v(y_1-y_2)(y_1-y_3)\cdots(y_3-y_5)(y_4-y_5)=vS^{1/2}$$

这里 v 是对称函数。再考虑倒数第二次引入的无理项，应该具有下面形式

$$(p+p_1S^{1/2})^{\frac{1}{m}}$$

令

$$r_1=(p+p_1S^{1/2})^{\frac{1}{m}}$$

$$r_2=(p-p_1S^{1/2})^{\frac{1}{m}}$$

考虑

$$r_1r_2=(p^2-p_1^2S)^{\frac{1}{m}}$$

上式右边的 $p^2-p_1^2S$ 是一个对称函数，此时的情形与上述最后一次引入的无理项完全相同。因此如果 r_1r_2 不是对称函数，m 一定等于 2。这样 r_1 在根置换下就有 4 个不同值，依据第 6 章柯西的结论，这是不可能的。因此 r_1r_2 一定是对称函数，令其为 w，这样就有

$$z=r_1+r_2=(p+p_1S^{1/2})^{\frac{1}{m}}+w(p+p_1S^{1/2})^{-\frac{1}{m}}$$

在上式中取 $S^{1/2}$ 为负值，即用 $-S^{1/2}$ 代替 $S^{1/2}$，便可得到一个新的式子。下面证明此新式与原式是等价的：

$$\begin{aligned}z=r_1+r_2&=(p-p_1S^{\frac{1}{2}})^{\frac{1}{m}}+w(p-p_1S^{\frac{1}{2}})^{-\frac{1}{m}}\\&=w(p+p_1S^{\frac{1}{2}})^{-\frac{1}{m}}+(p+p_1S^{\frac{1}{2}})^{\frac{1}{m}}\end{aligned}$$

所以 z 也只能取 m 个值。刚才已经说明 m 不能取 2，所以 m 只能取 5。这样便可再次根据阿贝尔定理有

$$(p+p_1S^{1/2})^{\frac{1}{5}}=\frac{1}{5}(z_1+\alpha^4z_2+\cdots+\alpha z_5)$$

而这是不可能的，因为上式左边只能取 10 个值，而右边可取 5!=120 个值。

上述证明的核心在于阿贝尔定理，在于设计各种技巧来证明和使用阿贝尔定理，证明的技巧性很高，但思想不够清晰。证明虽然出来了，但似乎还不知是怎么回事，操作有点眼花缭乱。说得更具体点，就是能理解每一步，但不知道每一步是怎么想到的，或者说为什么要这样做。之所以如此，在于阿贝尔未能清晰地指出证明的关键，论证力量的来源，更没有将关键之处剥离、抽象出来。这好比是一个画家，虽然能逼真地画出一只虾，但他还画不出一只活虾与死虾的区别。这样看来，阿贝尔的这个证明与群论没有太多直接关系。不过，阿贝尔在得出这个高次方程不可求解的证明之后，还继续思考了什么样的方程可以求解。阿贝尔观察到一个情况：一个可解方程，它们的根往往是可以相互有理表达出来的。阿贝尔还得到一个结论：如果这些相互表达式的复合操作的次序可交换，那么这个方程一定可以求解。举个例子来说就是：x 是方程的一个根，方程的其他两个根可分别有理表达成 $f(x)$ 和 $g(x)$。如果 $f(g(x))=g(f(x))$，那么方程一定可以求解。阿贝尔的这些思考启发了后来“可交换群”概念的发展。为了纪念阿贝尔，现在通常又把“可交换群”称为“阿贝尔群”。

直接向大师们而不是他们的学生学习。

——阿贝尔

自我来黄州已过三寒
食年年欲惜春春去不
容惜今年又苦雨两月秋
萧瑟卧闻海棠花泥
污燕支雪闇中偷负
去夜半真有力何殊病少
年病起头已白
春江欲入户雨势来
不已小屋如渔舟濛
濛水云里空庖煮寒菜
破灶烧湿苇那
知是寒食但见乌
衔纸君门深
九重坟墓在万里也拟
哭涂穷死灰吹不
起
右黄州寒食二首

第 8 章

伽罗瓦心中的群论：伽罗瓦

虽然阿贝尔、鲁菲尼证明了 5 次方程不可根式求解，但是他们站的高度还是不够的，证明依赖技巧，思想不够清晰，没有指出论证力量之源，没有直指问题的本质，更没有意识到这个本质将开辟新的数学，将带来新的思维力量。开启这个任务的是法国年轻数学家伽罗瓦。伽罗瓦明确指出：数学要跳出只关注运算结果的方式，要研究运算本身，要根据运算复杂性进行分类，它们将带来过去不曾有过的数学力量。

伽罗瓦(1811—1832)

埃瓦里斯特·伽罗瓦 1811 年 10 月 26 日出生于距法国巴黎只有十八公里的小镇——布尔-拉-林。父亲在当地颇有威望，曾是当地一所学校的校长，后被选为市长。母亲是古代文化的爱好者，是伽罗瓦的启蒙老师。1823 年 10 月，伽罗瓦进入路易-勒-格兰皇家中学就读，他的成绩很好，获得了奖学金，可以全靠公费生活。不过伽罗瓦对教师们所采用的教学方法感到愤懑。他反对那些不谈推理方法而专谈技巧问题的教科书。他不读这些教科书，而是专读勒让德、拉格朗日、欧拉、高斯、雅可比等的著作。有一位教师谈到伽罗瓦时这样评论："他被数学的鬼魅迷住了心窍。"1828 年，伽罗瓦参加升入综合技术学校的资格考试，可惜没被录取。不过，尽管考试失败，1828 年 10 月，他仍然有幸从初级数学班跳到数学专业班。伽罗瓦在这个数学专业班里有幸遇到了一位教师理查德先生。除了伽罗瓦外，理查德还培养了天文学家、著名的海王星预测者维利耶，以及杰出的数学家厄尔米特。现在法国科学院图书馆所藏的伽罗瓦手稿，就是理查德后来委托厄尔米特保存的。从后面发展来看，理查德不愧是一位优秀导师，对伽罗瓦数学天赋的判断极其准确："伽罗瓦只宜在数学的尖端领域中工作""他大大地超过了其他同学"。理查德帮助伽罗瓦发表了第一篇论文。伽罗瓦的论文发表在《数学年鉴》上——这是法国第一个专业性的数学杂志。1829 年，伽罗瓦中学学年结束后，再次参加综合技术学校入学考试，出乎老师和同学的预料，伽罗瓦还是没有成功。不幸的是，这年的 7 月 2 日，伽罗瓦父亲由于受到天主教教区牧师的攻击而自杀了。伽罗瓦听从理查德的劝告决定进师范大学。这一年，虽然生活不顺，但他写了几篇文章，并将自己的全部著作来应征科学院的数学特等奖。伽罗瓦又遭遇了不幸：他的手稿交给科学院常任秘书傅里叶，但傅里叶收到后不久就去世了。在师范大学学习的第一年，伽罗瓦结识了奥古斯特·舍瓦烈，后者一直是他唯一亲近的朋友。奥古斯特·舍瓦烈是第一批坚定不移的圣西门主义者。他的兄弟米歇尔，著名的经济学家，综合技术大学的学生，也是这一运动的最初参加者。伽罗瓦虽然疏远圣西门主义，但是跟舍瓦烈的交流打开了他对当代政治问题的眼界。19 世纪三四十年代，法国处于政治动荡的时期。伽罗瓦虽然没有成熟的政治主张，但是对社会问题却满腔热忱，而且充满勇气。他鄙视师范大学校长的投机行为，在《学校公报》上发表长文，批评学校领导，导致 1831 年 1 月 8 日被学校开除。失去了学校提供的生活费用，伽罗瓦只能靠讲授高等代数公开课，帮人补习数学谋生。因为接到法国科学院的通知，说遗失了其递交的数学论文，1831 年 3 月 31 日，伽罗瓦听从一位荣誉院士的劝告，重写了部分论文，再次呈交给法国科学院。不幸的是，研究报告被否决了。科学院援引泊松和拉克鲁阿的结论，拒绝承认伽罗瓦研究的正确性。这个时期，伽罗瓦参加了人民之友协会政治团体，还参加了游行示威，反对政府，导致他 1831 年 5 月 10 日被捕入狱。在狱中，伽罗瓦仍然继续研究数学，希望获释后写出两部著作，并撰写了这两部著作的序言。1832 年 4 月 29 日出狱后，因为一个女人，决定参加决斗。决斗前一夜，他写了三封信：一封给共和派的同志们，一封给 N. L. 和 V. D.（只有缩写，至今也无法确定这封信给的人是谁)，而最出色的是写给奥古斯特·舍瓦烈的另一封信，这封信的大部分是谈数学问题。30 日凌晨，在冈提勒的葛拉塞尔湖附近，伽罗瓦受了致命枪伤。1832 年 5 月 31 日上午 10 时，伽罗瓦与世长辞。

伽罗瓦是一位善于抽象的数学家。他学数学的目的似乎不仅仅是掌握数学已有的知识，而是把数学过往创造的知识作为材料加以研究，分析其力量之源，并加以抽象。伽罗瓦在其最重要的论文中提及了高斯关于分圆方程的工作。或许正是通过了解高斯的分圆方程工作，伽罗瓦领悟到站在更高的层面去看计算，能看到只通过计算算不出来的结论。正如他写道："跳出计算，群化运算，按照它们的复杂度而不是表象来分类；我相信，这是未来数学的任务；这也正是我的工作所揭示出来的道路。"(Jump above calculations, group the operations, classify them according to their complexities rather than their appearance; this, I believe, is the mission of future mathematicians; this is the road I'm embarking in this work.)所以他要做的工作是"分析之分析"。

伽罗瓦是一位对社会充满热情的真诚探索者。伽罗瓦显然不是一个静默于书斋的学者，当然也不是一个成熟的政治家或社会活动家，但他确实是一个愿意为社会做贡献的热忱奉献者。他对社会各种问题有自己独到的见解，并毫无保留地表达出来。他在《学校公报》发表的《论数学教育》中就提到："不幸的年轻人要到什么时候才不整天听讲或死记听到的东西呢？他们什么时候才有时间去思考他们得到的一大堆资料，并理解许多杂乱无章的一大堆定理以及彼此毫无联系的代数变换呢？要求学生使用最简单的具有一般意义的方法、变换和推理岂不更好？但是不。那些废话连篇而又经过阉割的理论却要人们细心研究，而最出色的、最普通的代数定理倒被忽略掉了；本来学生们应该理解这些定理的，却反而要去熟悉冗长的、并非永远都正确的运算，并且去论证一些不说自明的结果。"他还发表文章嘲讽学校领导的投机行为；他参加人民之友协会政治团体，为人民的平等权益奋斗。正如他最后给全体共和派的信中所说："我已经为公共的幸福献出了自己大部分的生命。"

伽罗瓦是一位有非凡勇气的偏执狂。伽罗瓦最终为一个女人决斗而死，人们很惋惜，不解，甚至觉得荒唐。可是，这也许正是伽罗瓦具有非凡勇气的一面。伽罗瓦答应决斗，绝非冲动，事实上他是清醒的。他知道"我将为一个下流的卖俏女人而死去"很不值；他知道，自己的数学能力能千古留名，因此，他在决斗前一夜写了三封信，在其中的一封写道"不要忘了我，因为命运不让我活到祖国知道我的名字的时候"。既然如此，他为什么还要去决斗呢？也许那是因为他心中有比生命、比留名更重要的东西，那就是真诚与勇气。正如临死前最后几分钟他跟弟弟所说："不要哭，我在20岁的年纪死去，需要我全部的勇气。"不过，以今日眼光来看，伽罗瓦还是缺乏放下执念的东方智慧，和他父亲一样，缺乏面对谣言的智慧。也许执着和放下本来就是永恒的主题。

为了纪念伽罗瓦，法国在1984年发行了一张纪念邮票。

1984年法国发行的伽罗瓦纪念邮票

下面就来看看伽罗瓦是如何开展高次方程研究的？

伽罗瓦首先考虑的问题是：高次方程根系有什么特征？高次方程根系扩大了数的范围，换言之，只有扩大了数的范围，根才能表达出来。根据代数基本定理，一个 m 次方程 $f(x)=0$ 一般有 m 个根。对于一个不可约方程来说，这 m 个根一般来说是相互独立的，即其中任何一个都不能用其他根有理表达出来。因此，根系的任何一部分根都不能表达整个根系。但是，伽罗瓦发现下面根的线性组合却能表达整个根系

$$V=a_1x_1+a_2x_2+\cdots+a_mx_m \tag{1}$$

这里$(x_1,x_2,\cdots,x_m)$是方程的根系，$a_1,a_2,\cdots,a_m$ 属于方程系数所在数集。即方程的任何一个根都可以用 V 有理表达出来。而且 V 所满足的方程可以直接写出来，即 V 是下列多项式方程的一个根

$$F(x)=(x-V_1)(x-V_2)\cdots(x-V_n) \tag{2}$$

这里的 V_i 是函数 V 在根系$(x_1,x_2,\cdots,x_m)$的某个置换 σ_i 下的变换形式，且记 σ_1 为恒等置换，即 $V_1=V$。假设式(2)是一个不可约多项式，此时就有 $n=m!$。因为上式右端包含了所有置换，因此右端展开式系数一定是关于 $x_1,x_2,\cdots,x_m$ 的对称式。根据牛顿对称多项式基本定理，右端展开式系数一定可以用 $f(x)$的系数表达出来，即 $F(x)$是一个有理多项式，其次数为 $m!$。和 $f(x)$不同，$F(x)$次数远高于 $f(x)$，而且 $F(x)$中的根不是独立的，是等价的，即任何一个根都可以有理表示其他根，而且可以表示 $f(x)$中的任何一个根。所以 $F(x)$和 $f(x)$虽然次数不同，但是它们根系所表示的范围是一样的。

这其中的道理伽罗瓦讲得很清楚，他是这么论证的：为了得到 x_1 关于 V 的有理表达式，先固定 x_1，用 μ_i 表示$(x_2,\cdots,x_m)$的任何一个置换$(x_2^{\mu_i},\cdots,x_m^{\mu_i})$，对应的函数 V_i 就变为

$$V_i=a_1x_1+a_2x_2^{\mu_i}+\cdots+a_mx_m^{\mu_i} \tag{3}$$

令

$$U_i = a_2 x_2^{\mu_i} + \cdots + a_m x_m^{\mu_i} \tag{4}$$

这样

$$V_i = a_1 x_1 + U_i \tag{5}$$

不难理解这样的 V_i 共有$(m-1)!$。构造下面函数

$$g(x) = (x - a_1 x_1 - U_1)(x - a_1 x_1 - U_2)\cdots(x - a_1 x_1 - U_{(m-1)!}) \tag{6}$$

这个函数右端直接展开后既有 x_1，又有 $x_2,\cdots,x_m$，但是关于 $x_2,\cdots,x_m$ 的部分可以转化成 x_1 的有理表达式，这是因为右端包含了所有$(x_2,\cdots,x_m)$的置换，其系数一定是关于 $x_2,\cdots,x_m$ 的对称式；而且又有

$$(x - x_2)(x - x_3)\cdots(x - x_m) = f(x)/(x - x_1) \tag{7}$$

此式左边方程系数是关于 $x_2,\cdots,x_m$ 的对称式，而右边通过相除后的商一定是系数用 x_1 有理表达的多项式。因为$(x-x_1)$是 $f(x)$的一个因子，余数一定为 0，因此式(7)的系数一定可以用 x_1 有理表示出来。为了清晰，将 $g(x)$记为 $g(x,x_1)$，因为原始 $g(x)$中的 $x_2,\cdots,x_m$ 都用 x_1 表示了。依据定义，V_1 是此多项式方程的一个根，即

$$g(V_1, x_1) = 0 \tag{8}$$

这是一个恒等式，但我们可以把 x_1 看成是多项式方程 $g(V_1,x)=0$ 的一个根。而且依据定义容易知道 $x_2,\cdots,x_m$ 都不是 $g(V_1,x)=0$ 的根，

因此 $g(V_1,x)$ 和 $f(x)$ 就只有一次公因式。根据求公因式的辗转相除法操作过程可知，此公因式可表示成 $\varphi(V_1)x+\psi(V_1)$。因为 x_1 是公共根，所以 $\varphi(V_1)x_1+\psi(V_1)=0$，即 $x_1=-\psi(V_1)/\varphi(V_1)$。为方便，将其写成 $x_1=F(V_1)$，这就表明 x_1 可以用 V_1 有理表达出来。同理，$x_2,\cdots,x_m$ 也可用 V_1 有理表达出来。而且，如果 V_i 表示的是将 V 的表达式(1)中的 x_1 和 x_i 互换位置后的表达式，那么依据上述过程就可以得到 $x_i=F(V_i)$，因此当我们得到 x_1 的一个有理表达式 $F(V_1)$，那么 $F(V_i)$ 也一定表示了方程的另一个根。

用同样方法可以说明 $x_1,x_2,\cdots,x_m$ 可用 $V_1,V_2,\cdots,V_n$ 中任何一个表示。这样一来，我们就可以看到 $V_1,V_2,\cdots,V_n$ 在表示数的范围方面是等效的，而且其表示的数的范围与 $f(x)$ 的根系 $x_1,x_2,\cdots,x_m$ 表示的范围是一样的。上述关于“根系线性组合 V 能有理表示 $f(x)$ 任何一个根”的论证极其重要，不仅结论重要，而且论证过程也很重要。它是伽罗瓦研究高次方程的一个立足点，为便于后面引用，将其称为“**伽罗瓦论证**”。

让我们再来分析一下这个伽罗瓦论证。整个证明似乎没有用什么特别的东西，就是在反复利用牛顿对称多项式基本定理。第一次利用此定理，得出式(2)一定是有理多项式。这其中的意思就是当我们有了所有的根置换之后，就可以从方程根开拓出的数域回到原来的数域，换言之，所有根置换组成的集合就代表着方程根开拓出的数域；第二次利用牛顿对称多项式基本定理得出式(7)一定可以由 x_1 有理表达。依据其表达式，这个式子是一个关于 x 的 $(m-1)!$ 次多项式，同时也是一个关于 x_1 的 $(m-1)!$ 次多项式。它可以视为一个系数是由 x_1 有理表达的，关于 x 的 $(m-1)!$ 次多项式 $g(x,x_1)$，而且 V_1 是其方程的一个根。接着，伽罗瓦换了一个角度看这个式子，用 V_1 代替 x，用 x 代替 x_1，得到一个系数是由 V_1 有理表达的，关于 x 的 $(n-1)!$ 次多项式 $g(V_1,x)$，而且 x_1 是这个多项式方程的一个根。因此 $g(V_1,x)$ 和原多项式 $f(x)$ 有一个一次公因式，依据辗转相除法便可推断此一次表达式的形式为 $\varphi(V_1)x+\psi(V_1)$，再由 x_1 是其根，便得到 $x_1=-\psi(V_1)/\varphi(V_1)$。

整体来看，伽罗瓦论证主要是**通过站在不同角度看多项式的对称性**，有点像爱因斯坦的相对论是站在不同参考系看运动。

上面的分析论证充分展示了根系置换操作的重要性，从某种意义上说，所有置换组成的集合代表了方程。实际上，第3章介绍过拉格朗日已意识到这一点，只不过拉格朗日的注意点是寻找具有一定对称程度的变换式，使这一变换式在根置换下的变化形式数目小于原方程阶数，这样就能达到降阶求解的目的。但是拉格朗日似乎没有意识到根置换本身就极具内涵，遵循一定的规律。伽罗瓦充分意识了这一点。为了便于理解伽罗瓦的抽象过程，我们再来看一下拉格朗日是如何利用其发明的预解方法来求解下面4次方程的

$$x^4+ax^3+bx^2+cx+d=0$$

拉格朗日首先引入下面变换式

$$\begin{cases}y_1=x_1x_2+x_3x_4\\y_2=x_1x_3+x_2x_4\\y_3=x_1x_4+x_2x_3\end{cases}\tag{a}$$

首先这3个变换式都具有一定的对称性，以第一个式子为例，它在下面所列的置换下都是不变的

$$\begin{pmatrix}1&2&3&4\\1&2&3&4\end{pmatrix}\begin{pmatrix}1&2&3&4\\2&1&3&4\end{pmatrix}\begin{pmatrix}1&2&3&4\\1&2&4&3\end{pmatrix}\begin{pmatrix}1&2&3&4\\2&1&4&3\end{pmatrix}$$

$$\begin{pmatrix}1&2&3&4\\3&4&1&2\end{pmatrix}\begin{pmatrix}1&2&3&4\\4&3&1&2\end{pmatrix}\begin{pmatrix}1&2&3&4\\3&4&2&1\end{pmatrix}\begin{pmatrix}1&2&3&4\\4&3&2&1\end{pmatrix}$$

同样，其他两个式子分别在另外各自 8 个置换下也是不变的。因为 3 个式子各自对应的 8 个置换集合起来，所得到的 24 个置换遍历了 4 个根的所有置换，所以下面构建的 3 次方程

$$(y-y_1)(y-y_2)(y-y_3)=0$$

其系数一定是原四次方程根的对称表达式，换言之可由原方程系数有理表达出来。这样原方程就降阶为三次方程的求解。再来引入下面变换式

$$\begin{cases}z_1=x_1+x_2-x_3-x_4\\z_2=x_1-x_2+x_3-x_4\\z_3=x_1-x_2-x_3+x_4\end{cases}\tag{b}$$

注意到 z_1 的平方在上面所列的 8 个置换下是不变的，因此 z_1 的平方一定可由原方程系数和 y_1 有理表达出来，即

$$\begin{aligned}z_1^2=&(x_1+x_2+x_3+x_4)^2-\\&4(x_1x_2+x_1x_3+x_1x_4+x_2x_3+x_2x_4+x_3x_4)+\\&4(x_1x_2+x_3x_4)=a^2-4b+4y_1\end{aligned}$$

同样 z_2、z_3 的平方都可由原方程系数和 y_2、y_3 有理表达出来

$$z_2^2=a^2-4b+4y_2$$
$$z_3^2=a^2-4b+4y_3$$

再用变换式(b)可反解出原根

$$\begin{cases} x_1 = -\frac{a}{4} + \frac{1}{4}(z_1 + z_2 + z_3) \\ x_2 = -\frac{a}{4} + \frac{1}{4}(z_1 - z_2 - z_3) \\ x_3 = -\frac{a}{4} + \frac{1}{4}(-z_1 + z_2 - z_3) \\ x_4 = -\frac{a}{4} + \frac{1}{4}(-z_1 - z_2 + z_3) \end{cases}$$

根据伽罗瓦论证过程以及上面拉格朗日预解求解过程，伽罗瓦将高次方程求解抽象成下表1。表1最左一列是 n 个置换的名称，分别称为 σ_1、σ_2、…、σ_n。每一个置换 σ_i 对应一个根 V_i，表示这个置换($x_1^{\sigma_i}$，$x_2^{\sigma_i}$，…，$x_m^{\sigma_i}$)可以用 V_i 统一地有理表示成($F_1(V_i)$，$F_2(V_i)$，…，$F_m(V_i)$)。表中第2列到第 $m+1$ 列表示的正是一个 m 个根的置换，可以用 V_i 统一地有理表示。再分析上述拉格朗日预解方法可知，所谓原方程能降阶求解，就是 n 个置换集能分解成 $l(l<m)$ 个组，对于每一组都存在一个变换式，组中任意一个置换都不改变变换式的形式。每组变换式都对应着 l 次预解方程的一个根 y_i，这样预解方程便可构建出来

$$(y - y_1)(y - y_2)\cdots(y - y_l) = 0$$

因为这个方程对于原方程 n 个置换都是对称的，所以其系数一定可用原方程系数有理表达。然后，将每一组中的 n/l 个置换再分解成更少个组，进一步降次。这个过程不断进行，直到只有一个组为止。虽然整个求解的关键是找到变换式，使方程能降阶求解，但是伽罗瓦放弃了寻找变换式这个明确目标，转而去研究一个更开放性的问题：**置换组分解过程遵循什么样的规律**？

表 1　从根置换看拉格朗日预解方法求解过程

$$
\begin{array}{lllll}
1=\sigma_1 \to V_1 & x_1 = F_1(V_1) & x_2 = F_2(V_1) & \cdots & x_m = F_m(V_1) \\
\sigma_2 \to V_2 & x_1^{\sigma_2} = F_1(V_2) & x_2^{\sigma_2} = F_2(V_2) & \cdots & x_m^{\sigma_2} = F_m(V_2) \\
 & \vdots & \vdots & \vdots & \\
\sigma_i \to V_i & x_1^{\sigma_i} = F_1(V_i) & x_2^{\sigma_i} = F_2(V_i) & \cdots & x_m^{\sigma_i} = F_m(V_i) \\
 & \vdots & \vdots & \vdots & \\
\sigma_n \to V_n & x_1^{\sigma_n} = F_1(V_n) & x_2^{\sigma_n} = F_2(V_n) & \cdots & x_m^{\sigma_n} = F_m(V_n)
\end{array}
$$

（前两行对应 y_1，……，最后对应 y_l）

我们知道,分解后的每一组置换都对应着预解方程的一个根。这其中的意思就是,一个关于根的变换式,例如上述求解 4 次方程中引入$z_1^2=(x_1+x_2-x_3-x_4)^2$,如果对应着 y_i 根的一组置换,此变换式不变,那么它就可以用 y_i 有理表达出来。对应着上述的例子就是,z_1^2 在对应 y_1 的 8 个置换作用下不变,因此 z_1^2 可以用 y_1 有理表达出来,即 $z_1^2=a^2-4b+4y_1$。因为 y_i 一定可以有理表示成 $F(V_i)$,即 $y_i=F(V_i)$,对应着另一组置换的根一定可以表示成 $y_j=F(V_j)$,这意味着这两组置换不仅所含置换数目相同,而且可以按统一规则进行相互转化。这样分组数目一定是所有置换数目 n 的约数。而且,更为重要的是,对应 y_i 的一组根置换到对应 y_j 的另一组根置换的转换,可由统一规则确定。例如上述 4 次方程求解中 $y_1=x_1x_2+x_3x_4$ 与 $y_2=x_1x_3+x_2x_4$ 所确定的根变换关系便是将 x_2 与 x_3 互换便可,这意味着只要将 y_1 所对应的 8 个置换中的 x_2 与 x_3 互换,便可从 y_1 所对应的 8 个置换得到 y_2 所对应的 8 个置换。

概括来说,伽罗瓦将高次方程的求解过程,抽象成根置换集的分解过程。用今天的话来说,根置换所形成的集合就是伽罗瓦群,分解后的子集就是伽罗瓦子群。最为重要的是,伽罗瓦发现了伽罗瓦群分解过程遵循两条规律:①每个子群所含置换个数一定是相等的,换言之,子群的个数一定是原置换集阶数的约数,这条规律实际上就是最早由拉格朗日发现的拉格朗日定理；②一个子群所含所有的根置换按照统一的规则变成另一个子群的所有的根置换，这种子群被后人称为正规子群。满足这样条件的子群可将其看成一个元素来处理，这样所有子群所组成的集合也构成一个群，后人把这个子群称为商群。这两点是群论的核心，是群论的威力所在。因为有这两点，再复杂的群都能一步一步降阶分析清楚了。

让我们在这里稍稍歇息一下，回顾一下伽罗瓦的研究过程。**伽罗瓦首先将求解高次方程过程抽象为伽罗瓦群的分解过程。这个抽象的基础是伽罗瓦发现了"伽罗瓦论证"。接着，伽罗瓦并没有陷入具体寻找伽罗瓦群分解办法的困境，而是抛开这一具体目标，开启更开放、更自由的研究：抽象和总结伽罗瓦群分解遵循的规律。这个思想和研究心态的转变是成功的关键之一。基础研究不能着眼过于具体、实用的目标，不能抱着强烈的、急躁的解决问题的心态，而应是以开放的、持久的，把问题搞清楚的心态，静静地、细细地体验和感受问题的本身。**

在得到上述两个重要结论的基础上，伽罗瓦研究了素数 p 次方程可解的条件。依据分裂子群一定是伽罗瓦群约数的结论可知，其最后一个分裂子群一定是 p 阶子群。根据柯西的研究结论，p 个根的置换群若是 p 阶，那么一定是循环群，即置换可以按照 $k+c \pmod p$ 规则进行，这里 k 是根的序号，c 是一个与 k 无关的常数。再利用伽罗瓦得到的结论(2)，即这个 p 阶循环子群一定是方程伽罗瓦群的正规子群，也就是说伽罗瓦群的任何两个 p 阶循环子群根之间的对应关系按照一个确定的关系 $f(k)$ 进行，这样就有

$$f(k+c)=f(k)+C$$

这里 C 独立于 k。根据这个关系，伽罗瓦推论得到 $f(k)$ 具有下列形式

$$f(k)=ak+b$$

其中 a、b 是常数。伽罗瓦注意到这个置换规则中只有两个待定常数，无法满足三个以上的根独立地置换，因此伽罗瓦得出：可解方程的根只能两个独立，其他根可用这两根有理地表示出来。另一方面，如果一个方程只有两个根独立，那么方程根的置换也一定满足上述形式，所以也一定可解。为此，伽罗瓦进一步得到下述结论：一个方程可解的充要条件是方程所有根可被其中两个根有理表达。这就自然得到：一个一般五次方程是不可能根式求解的。

与阿贝尔不同，伽罗瓦的思想是清晰的。伽罗瓦的证明不被理解，可能一个重要原因是伽罗瓦的思想过于超前了。对于一种全新的思想，要被人理解，仅靠对思想本身的表述可能还不够，最好能对思想的来源做些交代，与熟知的东西做些比较。不被理解的另一个原因或许是伽罗瓦的表述过于简略了。当然，还有一个重要的原因是，伽罗瓦没有时间或者说缺乏一种经过严格的数学训练，像柯西那样的能力，发明一种清晰严格的数学语言对其进行表述，因而给人一种不专业、不严格的感觉，而实际上也确实不够清晰。不过，最重要的原因，可能还是伽罗瓦始终是孤身研究，他不仅没有与当时的主流数学家建立畅通的直接交流渠道，而且也没有像样的数学研究同路人可以交流、碰撞。因为对于深刻、独创的思想，文本交流不仅不是高效的，而且是有本质局限的。

虽然高斯面对的分圆方程和伽罗瓦面对的高次方程有相似之处，但是他们的眼光是不同的。在分圆方程问题上，高斯关心的是如何求解方程，如何把解构造出来，是一种具体解决问题的眼光；而伽罗瓦关心的是求解方程有什么规律，设法找出方程求解中的关键要素，是一种弄清事实的眼光。两种眼光导致的结果也不同，高斯不仅给出了分圆方程的求解方式，甚至给出了 17 次分圆方程根的具体表达式以及正 17 边形尺规作图法，显得更彻底，更强悍有力；伽罗瓦没有论及一个具体方程，但却指出了方程求解中最基本的事实，更深刻、更本质。如果说 19 世纪有什么重要数学思想，高斯没有走在世界前列，那么可能群论思想是唯一的一个。德国了不起，因为有高斯。高斯几乎定义了德国人的品质：博大而有力；法国也了不起，因为有特别的伽罗瓦。伽罗瓦从某种程度上也继承和光大了法国人的品质：抽象而深刻。

本质的东西往往是极其简单的、不显的，就像空气一样。它有却似无，但确实顶顶重要，真缺了，是要命的。群论就是这样的东西。在伽罗瓦以前，群论就像空气一样存在于高次方程的研究中，人们求解高次方程就像玩魔术一般把弄着各种变换技巧。伽罗瓦从方程求解中剥离出了群论，从此高次方程求解是怎么回事就很清楚了。

到底是大师的著作，不同凡响！

——伽罗瓦

第 9 章

群论：从刘维尔到阿廷

从第 8 章介绍可以看到，伽罗瓦已清晰指出了伽罗瓦群是高次方程求解中最核心、最本质的东西。高次方程求解过程就是伽罗瓦群的分裂过程。更为关键的是，这个过程遵循着两个基本规律：①分裂的子群一定是等阶的（拉格朗日定理）；②分裂的子群一定是正规子群。应该说，在伽罗瓦所处时代，伽罗瓦能把事情说得这么简单明了，如此深刻，实属不易。但是，伽罗瓦心中的群论与现代群论呈现的形式还是有很大不同。与现代群论相比，伽罗瓦心中的群论还是不够清晰、不够简明，也不够严格。从第 8 章分析中，我们可以感受到伽罗瓦群分裂中所遵循的两条规律是群论力量之源。但是，伽罗瓦并没有将遵循这两条规律的前提提炼到位，没有点透遵循这两条规律的系统的构成要素，或者说没有将系统构成要素从方程求解的背景中清晰简明地剥离出来。这个剥离抽象过程也不是一蹴而就的，是经过一系列后继数学家的努力，才越来越简明，逐渐形成现在的不带任何具体数学内容的、通用的、用集合语言表述的群论。这件事的意义并不仅仅在于群论本身清晰、简明、通用了，而是更在于向人类展示了更高层面上的抽象及其意义。

刘维尔（1809—1882）

伽罗瓦理论主要反映在伽罗瓦于 1831 年 1 月提交给法国科学院的研究报告中。遗憾的是，这份研究报告没有得到泊松等评审数学家的充分肯定，当时没能发表。直到 1846 年，刘维尔才把这份研究报告整理发表在《纯粹与应用数学杂志》。随后，意大利数学家贝蒂对伽罗瓦理论作了进一步阐述，并对其中的定理补充作了较为严格的证明。可能贝蒂不是用当时数学的主流发表语言，而是用意大利语发表论文的，因而其成果未能受到关注。1870 年，法国数学家若尔当在其发表的一系列群论文章的基础上，整理出版了其著名的专著《置换论》。这本专著重新表述了伽罗瓦的理论，虽然著作中讨论的群还是依附于置换和方程求解，但是群本身已成为研究重点，而非只是研究方程所需的一个工具。更为重要的是，若尔当已意识到群的真正力量不是置换本身，而是把所有置换聚集成一个集合的完整性，这种完整性就是这个集合相对于某种运算是封闭的。若尔当的《置换论》是一本清晰、统一、较为完整的专著，对后世影响巨大。在这个时期，德国数学家主要是沿着高斯的思想，研究数域在求解方程中的变化。其中代表性人物是克罗内克和戴德金。群论此时也由戴德金等数学家引入了德国，韦伯等数学家在数域研究的基础上，重新审视了伽罗瓦的群论。1942 年，德国数学家阿廷整合了前人的研究成果，出版了《伽罗瓦理论》，奠定了现代群论的表述形式。

阿廷(1898—1962)

下面我们就来看看现代群论是如何表述的。现代群论已被抽象成为研究任何一个复杂数学系统的工具。这其实也是伽罗瓦的思想，只不过伽罗瓦没有找到恰当的表述语言而已。现代群论是用集合语言来表述的。关键是什么样的集合才能遵循拉格朗日定理？正规子群存在的条件是什么？

现代群论关于群的定义是这样的：首先是一个集合，这个集合中存在一种运算，一般称为乘运算，满足以下四个条件：①存在单位元，所谓单位元就是集合中任何元素与此元素进行运算都保持不变；②存在逆元素，所谓某个元素的逆元素就是此元素与逆元素运算结果为单位元；③满足结合律，譬如三个元素 a、b、c，a 和 b 先运算，再与 c 运算，其结果与 a 和 b、c 运算的结果再运算是一样的；④封闭性，集合中任何两个元素的运算结果唯一且仍是集合中的元素。满足上述 4 个条件的集合就称为群，群所含元素个数就是群的阶。

可以证明这样的集合一定遵循拉格朗日定理。假设有一个 n 阶群 G，它有一个 m 阶子群 H。如果 a 是 G 中任何一个元素，我们称 aH 是关于 H 的一个陪集。假设有另一个陪集 bH，其中有一个元素 bh_i 和陪集 aH 中的一个元素 ah_j 相等，即 $ah_j=bh_i$。于是就有 $a=bh_ih_j^{-1}$。两边同乘子群 H，便得 $aH=bh_ih_j^{-1}H$。因为群的封闭性，故有 $h_ih_j^{-1}H=H$。所以 $aH=bH$。这表明任何两个陪集要么完全相同，要么没有一个元素相同，这意味着群 G 可分成若干个陪集。因为每个陪集的阶数是 m，所以 m 一定整除 n。

既然群 G 可分成若干个陪集 gH，那么这些陪集组成的集合是否能构成一个群呢？这就要看这个集合能否满足群定义中的四个条件。在验证条件之前，我们首先定义两个陪集的相乘运算为：$(aH)(bH)=abH$。下面我们逐条验证：①因为任何一个陪集和 H 相乘都不变，所以 H 一定是单位元；②对于任何一个陪集 aH，一定有陪集 $a^{-1}H$，它们相乘等于单位元 H；③ $((aH)(bH))(cH)=(aH)((bH)(cH))=abcH$；④因为 $(aH)(bH)=abH$，又 ab 一定是 G 中的一个元素，abH 一定是一个陪集。由此可见，陪集组成的集合一定是一个群。

仔细思考上述结论会发现上面的论证是有问题的。问题出在哪呢?问题出在两个陪集相乘的定义上。我们知道 G 中往往有多个不同的元素,它们有相同的陪集,譬如 $aH=a'H$,$bH=b'H$。这样依据上述定义 $(aH)(bH)=abH$,$(a'H)(b'H)=a'b'H$,就有 $abH=a'b'H$,但这个等式成立是有条件的。因为依据 $aH=a'H$,就有 $a=a'h_1$,其中 h_1 是 H 中的一个元素。同样依据 $bH=b'H$,就有 $b=b'h_2$,其中 h_2 是 H 中的一个元素。因此要 $abH=a'b'H$ 成立,就必须有 $abH=a'h_1b'h_2H$。如果 $h_1b'=b'h_1$,那么 $a'h_1b'h_2H=a'b'h_1h_2H=a'b'H$,这样就有 $abH=a'b'H$。因此,要使上述陪集相乘定义唯一确定,就必须要求 $aH=Ha$。我们把 aH 称为子群 H 的左陪集,Ha 称为子群 $\boldsymbol{H}$ 的右陪集。即子群 H 的左陪集和右陪集相同,是陪集组成群的条件。我们把满足这个条件的子群称为正规子群,这个子群的陪集组成的集合称为 G 除以 H 所得的商群。注意这个商群中元素已不再是原来群 G 中的元素,而是 H 的陪集,是 G 中元素组成的集合。由此可见,商群的元素和 G、H 的元素不是一个东西,但是商群仍然可以像 G、H 一样满足群的条件,以及作相应的运算。有了商群之后,一个复杂的群,往往就能分解成一个结构清晰的、嵌套的正规子群序列。这正是群论的力量所在。

例如,整数 Z 是一个关于加法运算的群,偶数 E 是其一个子群,那么它们的商群就是由两个元素组成的集合,其中一个元素是所有偶数组成的集合,另一元素就是所有奇数组成的集合。由此可见,商群中的元素和原群中的元素属性是不同的,原群中的元素就是数,而商群中的元素则是数的集合。但是,如果我们根本就不关心群元素的具体含义,只关注群元素这个抽象意义,那么偶数集就可以用“0”表示,奇数集用“1”表示,这样商群就和群集{0,1}建立了一一对应的关系,它比原群要简单得多。

上述已说明虽然商群元素与原群、子群元素完全不同,但是它们可以按相同方式处理与研究。之所以可以按相同方式处理,是因为我们在商群元素与原群元素之间已隐含建立了一种关系。这便是映射思想。假如

有两个群 G 和 $\overline{G}$，在这两个群之间建立一个映射 φ，如果满足：$(ab)^{\varphi}=a^{\varphi}b^{\varphi}$，$\forall a,b\in G$，那么我们称 φ 是群 G 到 $\overline{G}$ 的同态映射。如果同态映射 φ 又是单射，则称为同构映射。如果群 G 到 $\overline{G}$ 的映射是同态满射（或同构满射），那么就称 G 和 $\overline{G}$ 是同态的（或同构的）。不难理解 G 和商群 G/H 之间可建立同态满射关系，因为 G 中的任何一个元素 g 都可以有商群 G/H 中的唯一一个元素 gH 与其对应。

下面再从映射角度去理解商群。如图所示，设 φ 是群 G 到 $\overline{G}$ 的映射，$\overline{e}$ 是 $\overline{G}$ 的单位元，图中集合 K 是群 G 中映射到 $\overline{e}$ 的所有元素的全体，一般称 K 为同态映射 φ 的核，不难证明：核 K 是 G 的正规子群。任取 a 属于 G，设 $a^{\varphi}=\overline{a}$。建立 G/K 到 $\overline{G}$ 的映射 φ^{*}：$(aK)^{\varphi^{*}}=\overline{a}$。可以证明商群 G/K 同构于 $\overline{G}$。上述结论称为同态定理。此定理给了理解商群的另一个视角，揭示了商群与同构映射的关系。

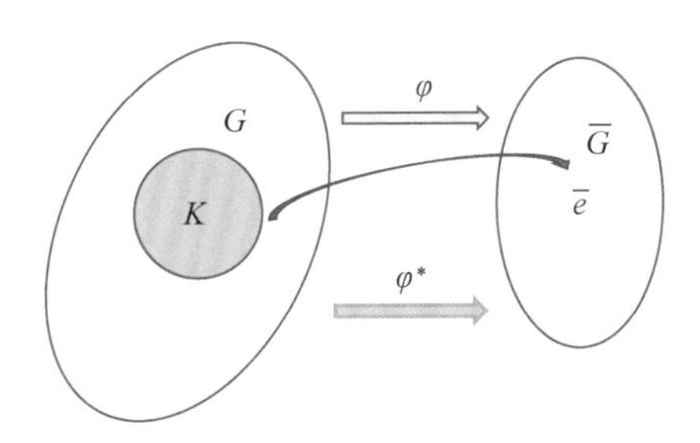

同态映射示意图

关于命题“5 次以上方程不可根式表达”，用现代群论语言去论证的思路大概是这样的。从开根号扩大数域范围角度去看，可以在原数域和开根号后的扩域之间建立伽罗瓦群，这个过程是可以不断重复进行的，因此就对应着一个伽罗瓦群 G_i 序列。根据根号的特征，可确定 G_i 是可交换群（即群中任何两个元素相乘是可交换的）；再从群分解角度去看，我们知道一个任意多项式方程所对应的伽罗瓦群是一个置换群，引入的一系列预解方程也对应着一系列置换群，因此就有一个置换群分解序列

K_i，这个置换群序列的头 K_0 就是原多项式方程所对应的置换群，尾就是单位群。依据同态定理，可以看到 K_i 除以 K_{i+1} 所得商与 G_i 是同构的。因为 G_i 是可交换群，而 K_0 是不可交换群，当方程次数不小于 5 时，可以说明这是不可能的。这个证明虽然更数学、更通用，但并不比伽罗瓦的证明更强，因为它只用了 G_i 是可交换群的根号特征。实际上，G_i 是循环群。伽罗瓦利用 G_i 是循环群的特点得到了一个方程可根式求解的充要条件：方程所有根可被其中两个根有理表达。

上帝总在使世界算术化。

——雅可比

[illegible][illegible]閣法帖

唐褚遂良書

千字文

勅員外散騎侍郎周興嗣次韻

天地玄黄宇宙洪荒日月盈昃辰宿列張寒来暑往秋收冬藏閏餘成歲律吕調陽雲騰致雨露結為霜金生麗水玉出崐岡劍號巨闕珠稱夜光果珍李柰菜重芥薑海鹹河淡鱗潛羽翔龍師火帝鳥官人皇始制文字乃服衣裳推位讓國

第 10 章

不可数集：康托尔

从第9章分析可以感知，群论力量的一个主要来源在于清晰地定义了一个集合与另一个集合如何相除，或者说发现了一个复杂系统里面存在集合相除的结构。要真正理解这个关于两个集合相除的定义需要有映射的思想，即通过建立集合与元素之间的映射关系，可以获得对待一个集合可以像对待一个元素那样去作运算的能力。这个映射思想很重要，它也是康托尔建立集合论，哥德尔证明不完备性定理的关键。下面就来看看康托尔的集合论，第11章再介绍哥德尔的不完备性定理。在介绍集合论之前，我们先了解一下德国数学家康托尔。

康托尔(1845—1918)

康托尔1845年生于俄国圣彼得堡。父亲是犹太血统的丹麦商人，母亲出身艺术世家。1856年全家迁居德国的法兰克福。他先在一所中学，后在威斯巴登的一所大学预科学校学习。康托尔于1862年入苏黎世大学学习，翌年转入柏林大学攻读数学和神学，受教于库默尔、维尔斯特拉斯和克罗内克。在库默尔的指导下，他于1867年解决了一般整系数不定方程求解问题，获得博士学位。毕业后他受魏尔斯特拉斯的直接影响，由数论转向严格的分析理论的研究。1869年他以讲师身份加入哈雷大学，并在次年证明了复合变量函数三角级数展开的唯一性。1872年晋升为该校副教授，主持该校数学讲座。1873年，康托尔在给戴德金的信中，先后证明了有理数和自然数一样可数，无理数不可数的结论，并于1874年正式发表在当时最负盛名的数学杂志《克雷尔杂志》上，从此开启了无穷集合论的研究。1873—1885 年是康托尔研究的高峰期，他发表了一系列无穷集合论方面的论文。1879 年他晋升为教授。不幸的是，康托尔的无穷集合论开始并未得到德国数学权威克罗内克的肯定，致使康托尔一度精神分裂。随着时间的推移，康托尔的学说才逐渐受到关注。为了打破德国数学界的垄断情形，宣传其学术成果，康托尔积极推动德国数学联合会的建立，并于 1891 年当选为第一届德国数学联合会主席。在康托尔的多方努力和领导下，第一届国际数学大会也于 1897 年得以在瑞士苏黎世召开。为迎接此次数学大会的召开，康托尔系统总结了其研究成果，发表了其最重要，也是最后一部著作《超穷数理论基础》。其后，由于遭受生活的不幸，康托尔的弟弟、母亲，尤其是爱子相继去世，再加上无穷集合论中一系列难以解决的问题的困扰，致使其精神疾病复发，并一直困扰其晚年生活。1918 年，康托尔在德国哈雷-维滕贝格大学附属精神病院去世。

康托尔是一位哲思型的数学家。他开辟了无穷集合论的研究，在此之前没有人将无穷作为一个实体加以研究。高斯就曾表示："我反对把无穷量当作一种完整的实体来使用，这在数学中是绝对不允许的，无穷不过是谈及极限时的一种说话方式而已。"由此可见，康托尔选择这个问题做研究，就意味着观念上的一种突破。这种突破，不仅需要勇气，更重要的是来自于对世界的重新思考，对数学的重新认识。康托尔说："数学的本质在于它的自由。""提问的艺术比起解法来更重要。"正是因为有了观念上的突破，康托尔才开拓出全新的研究领域，创造出全新的数学方法。

康托尔是一位情绪型的数学家，对同行评价比较敏感，对研究困境情绪反应也较为强烈。无穷集合论是一个全新的研究领域，不被人理解是正常的。当时的德国数学权威、柏林大学教授克罗内克就彻底否定无穷集合论研究的价值。康托尔对此反应激烈，一度情绪崩溃，进了精神病院。无穷集合论是宏观抽象的问题，不像传统数学问题那么具体。深入其内，会发现有各种各样的悖论。这种悖论也给康托尔带来了不安，再次引发了他的抑郁症。康托尔中年后一直受困于抑郁症，固然是其性格所致，不过与其研究问题的过于超前、过于宏观与抽象也是密不可分的。因为人的本性是社会的、是需要具体的，长期从事超前、宏观、抽象问题的研究，会使人和社会脱离，和具体生活脱离。

下面我们就来看看康托尔是如何利用映射思想来研究无穷的。

首先康托尔构思了一套方法给有理数排序。康托尔的方法很简单：将有理数写成既约形式，然后按分子与分母之和从小到大的原则排序；对于分子与分母之和相等的数，分子小的在前，大的在后；对于正负数，负的在前，正的在后。显然，任何一个有理数都可按上述方法找到自己的位置。这样任何一个有理数都有一个序号，即与自然数建立了一一对应的映射关系。康托尔把这种能建立起一一对应映射关系的两个无穷集合称作相等，这是其研究无穷集合的思想基础。

依据这个思想，逻辑上便能对无穷集合进行分类。一类是能与自然数建立一一对应映射关系的可数集，另一类是不能与自然数建立一一对应映射关系的不可数集。这样分类有意义的前提是存在不可数集。康托尔首先给出了一个例子：0 和 1 之间的实数便是一个不可数集。他用反证法证明了这个结论。假设 0 与 1 之间的实数可以排成一个序列 S。将其中第 i 个数的小数点后第 i 位数记为 a_{ii}。构造数 $0.b_1b_2\cdots b_i\cdots$，使 $b_i \neq a_{ii}$，则这个数一定不在序列 S 中。这便是**康托尔著名的对角线法**。沿着这个思路，还可证明无穷集合可以分成无穷个类别。实际上，一个无穷集合是不可能与它的所有子集所构成的集合建立一一对应映射关系的。上述一系列结论都是康托尔得到的，它们根本上奠定了无穷集合论的价值。

不过，无穷集确实是很鬼魅的研究对象。在对其研究过程中，也产生了各种悖论，其中最为著名的是**罗素悖论**。这个悖论是这么说的：将所有集合分成两大类，一类是集合本身不是集合中的元素，例如所有数学家构成的集合，这一类称为正常类；另一类是集合本身就是集合的元素，例如所有我们思考的东西，这一类称为非正常类。下面考虑所有正常类构成的集合 P。如果这个集合 P 属于正常类，按照集合 P 的定义，这个集合 P 是其本身的元素，这样按照正常类和非正常类的区分定义，集合 P 又应该属于非正常类，这就产生了矛盾；如果这个 P 属于非正常类，按照集合 P 的定义，这个集合 P 就不是其自身的元素，这样按照正常类和非正常类的区分定义，集合 P 又应该属于正常类，这也产生了矛盾。即无论集合 P 是正常类，还是非正常类，都会导致矛盾。

上述悖论的根源在于把不同层面的无穷集合放在一个层次考虑。所有正常类构成的集合和正常类集合本身不是一个层次的集合，它们之间是无法建立一一对应映射关系的。当我们把这两个不同层次的集合放在一起，一视同仁地处理后，就必然导致了矛盾。

数学的本质在于它的自由。

——康托尔

漢書下酒
秦雲見河

丁巳四月吳昌碩

第 11 章

不完备性定理：哥德尔

几何学的公理化系统，即由若干公理可推演出无穷无尽的命题，充分展示了逻辑推理的力量。由此便可推测：数学任何一个分支都可以找到一组公理，推演出该领域中所有的真命题。另一方面，由于近代数学在抽象和形式化方面的发展，尤其是映射思想的广泛使用，使数学家更进一步相信数学命题的证明可以抛开命题的内容，依据命题的结构，通过纯粹的形式逻辑推理得到。大数学家希尔伯特写的著名的《几何公理》便是这样的尝试。这使人们更加相信，数学的基本任务便是揭示命题之间纯粹的逻辑关系。

果真如此吗？如果是这样，我们就应该有关于公理化系统一致性和完备性的保证，即从基本公理出发，不可能推演出相互矛盾的结果，这是一致性；从基本公理出发，可以推演出所有的真命题，这是完备性。不幸的是，这是做不到的。明确指出这一点，并给出证明的是美籍奥地利数学家哥德尔。

哥德尔(1906—1978)

哥德尔 1906 年生于捷克的布尔诺，家境很好，父亲是一家纺织厂的老板。6 岁他进了一所新教徒的私立学校学习，10 岁进入以德语授课的国立中学读书。哥德尔成绩优异，喜欢包括拉丁语在内的语言、历史、数学。1924 年他进入维也纳大学，开始以理论物理为专业，在学习了集合论、实变函数论、数学等课程之后，他决定转入数学专业。当时有个著名的维也纳小组，由哲学家和科学家组成，其中的领头人就是哥德尔的老师哈恩和石里克。他们定期聚会，希望构造有关科学“真理”的某种理论。自1926年起，哥德尔也开始定期参加这个小组的活动。哥德尔不同意维也纳学派的观点，尤其不同意数学是“语言的句法”，这也许是哥德尔从事不完备性定理证明的动力之一。虽然哥德尔坚定地持有自己的看法，但他同时也希望避免争论。因此，他通常不主动批评小组内其他成员的立场，而是主要倾听别人的看法，偶尔插进自己的意见。这个小组让哥德尔涉猎了最新的文献，以及与一批优秀学者建立了联系。1929年起，哥德尔开始参加门格尔的学术讨论会，并很快成了《数学报告会成果》的编辑。门格尔是该杂志主编。哥德尔在讨论会里见了不少数学界的领袖人物，诸如波兰逻辑学家塔尔斯基，匈牙利数学家冯·诺依曼，以及德国统计学家瓦尔德。这个时期，哥德尔也特别多产，1929—1937年总共发表了13篇数学论文，其划时代论文“论《数学原理》及有关系统中的形式不可判定命题”就发表于1931年。或许是因为这个领域过于超前、抽象，虽然哥德尔取得了一系列杰出的研究成果，但他在维也纳大学也只获得了无薪教职。他只能靠从父亲那儿继承来的遗产生活。1927年，哥德尔结识了比他大六岁的舞女阿德勒，虽然父母强烈反对他们的结合，但他们还是在1938年结婚了。在1933—1940年，哥德尔穿梭往返于维也纳和在普林斯顿大学新建立的高等研究院。由于欧洲法西斯集权专制的蔓延，哥德尔和他的妻子于1940年彻底离开了维也纳，哥德尔从此再未踏上过欧洲的土地。1940—1946年，哥德尔在高等研究院的席位是暂时的，直到1946年才得到一个永久席位。1953年，在爱因斯坦和冯·诺依曼的鼎力推动下，哥德尔才最终获得了正教授席位。哥德尔在高等研究院过着离群索居的生活，只跟爱因斯坦、经济学家摩根斯特恩、逻辑学家鲁滨逊等极少数人建立了联系。这种生活使他妻子受不了。他妻子将高等研究院比为“养老院”，这使他们关系较为紧张。哥德尔在高等研究院花了不少时间研究广义相对论，找到了广义相对论的一类新解。但是这些内容过于抽象，没有任何实际背景支撑，除了爱因斯坦这个知音，再也找不到感兴趣的第二个人。爱因斯坦死后，他就变得不太正常，一度拒绝饮食，最终于 1978 年 1 月 14 日因营养不良，身体机能衰竭而死。

下面就来看看哥德尔是如何证明公理化系统的非一致性和不完备性的。

首先，我们来了解一下数学演绎系统的形式化。这意味着要将系统内的所有表达式的意义都抽掉，即将它们都视为空洞的符号，按照事先规定的一组原则，对这些符号进行组合操作。这样做的目的，就是构建一个本身没有任何意义的符号系统，其所有含义都由我们从外部加以认定。当系统被形式化之后，数学命题之间的逻辑关系就被揭示出来，人们可以看到各种“无意义”符号“串”结构中的规律，例如它们如何相互关联，如何组合，如何一个嵌入另外一个等。

虽然形式化的符号系统没有任何数学意义，但是对于这种系统的构造及其相互之间的不同关系还是可以描述和评论的。我们把这种描述和评论称为元数学。例如下面的表达式

$$2+3=5$$

这个表达式属于数学，完全是由初等算术的符号构建的。当我们把其中的数字、数学符号都看成字符时，就相当于把它形式化了。另一方面，

“$2+3=5$”是一个算术公式。

这个命题是对所展示的表达式做出的某种宣称，它并不表达某种算术事实，也不属于算术的形式化，它就属于元数学，因为它将这个算术符号串定性为一个公式。

哥德尔的高明之处在于发明了一套编码语言，用其不仅能表达形式

化的数学，而且还能表达元数学。

首先，哥德尔给每一个原始符号、每一个公式(或符号串)以及每一个证明(公式的优先序列)都指定一个独一无二的数。这个数被称为“哥德尔数”。例如下面的公式

$$(\exists x)(x=sy)$$

式中的“∃”表示“存在”，“s”表示“直接后继”，所以上式表示“存在一个 x 满足 x 是 y 的直接后继的条件”，意思是不管 y 代表什么数，都有一个直接的后继。这个公式中有 10 个基本符号，哥德尔就用带有指数次方的前 10 个素数乘积表示，每个素数的指数就是符号对应的哥德尔数。就这个例子来说，按照哥德尔编码系统，上述 10 个符号分别对应的哥德尔数为：8、4、13、9、8、13、5、7、17、9。这样上述公式对应的哥德尔数就为

$$2^8\times 3^4\times 5^{13}\times 7^9\times 11^8\times 13^{13}\times 17^5\times 19^7\times 23^{17}\times 29^9$$

对于一个公式序列，哥德尔也给出了编码方式。例如下面这个公式序列

$$(\exists x)(x=sy)$$
$$(\exists x)(x=s0)$$

这个序列中后者的意思就是“0 有一个直接后继”。显然，它可以通过演绎规则从前者机械地导出，即将数字表达式“0”代入数字变量“y”中。我们已确定这个公式序列中第一个公式的哥德尔数，将它设为 m，第二个公式的哥德尔数也可仿照确定，设为 n，那么哥德尔给这个公式序列的哥德尔数 k 定义为

$$k = 2^m \times 3^n$$

哥德尔用大量实例充分说明了形式化数学中的任何一个表达式都能对应唯一的哥德尔数。不难理解，给定任何一个哥德尔数，通过素数分解，也能唯一地确定出它所对应的形式化数学表达。这样就找到了一种使形式演算与“算术化”对应的程式。

不仅形式化数学能算术化，而且元数学也能算术化。例如，考虑下面一个简单的公式

$$\sim (0 = 0)$$

式中的“～”表示“非”，它所对应的哥德尔数是 1。这个公式表达了一个明显的错误，即 0 不等于它自己。现在我们来看一个简单的元数学命题：这个公式的第一个符号是“～”。为了将此元数学命题算术化，首先来看看这个公式的哥德尔数

$$a = 2^1 \times 3^8 \times 5^6 \times 7^5 \times 11^6 \times 13^9$$

这样元数学命题便可转化为一个算术命题：“2 是 a 的一个因子，但 2^2 不是”。“x 是 y 的一个因子”可形式化表示成“$(\exists z)(y = x \times z)$”。这样上述算术命题就可用形式化表示成

$$(\exists z)(sss \cdots sss0 = z \times ss0) \cdot \sim (\exists z)(sss \cdots sss0 = z \times (ss0 \times ss0))$$

式中“s”的数目正好为 a。注意公式中间的点，它是“并且”概念的符号。这个形式化数学命题又可对应一个哥德尔数，这样便建立起元数学命题和哥德尔数的对应关系了。

下面我们要用到一个更复杂的元数学命题："具有哥德尔数 x 的公式序列是哥德尔数为 z 的公式的证明"。为方便，我们用"dem(x,z)"来表示这个元数学命题，其对应的形式化数学表达式记为"Dem(x,z)"。例如，前面有一个公式序列被赋予了哥德尔数 $k=2^m\times3^n$，其结论（即最后一行）的哥德尔数为 n，就可表示成 dem(k,n)，其对应的形式化数学表达式记为 Dem(k,n)。

在陈述哥德尔证明之前，我们还需介绍一个关键概念和符号。先举一个例子。例如，假设公式"$(\exists x)(x=sy)$"所对应的哥德尔数为 m。这个公式中有一个变量 y，它所对应的哥德尔数为 17。如果我们在此公式中用 m 替换哥德尔数为 17 的变量 y，结果变成"$(\exists x)(x=sss\cdots sss0)$"，其中串中有$(m+1)$个"$s$"。这个新公式又对应一个新的哥德尔数，用记号"sub(m,17,m)"表示，其所对应的形式化数学公式记为"Sub(m,17,m)"。

有了上述准备后，就可以进行证明了。哥德尔首先构造了下面形式化公式"Ω"

$$\sim(\exists x)\mathrm{Dem}(x,\mathrm{Sub}(y,17,y))$$

这个形式化的数学公式表达了元数学命题："哥德尔数为 sub(y,17,y)的公式不可证明"。这个公式中有一个变量 y，我们用这个公式所对应的哥德尔数 n 替代此变量 y，便得到下面新的公式，我们称其为"Λ"：

$$\sim(\exists x)\mathrm{Dem}(x,\mathrm{Sub}(n,17,n))$$

这个公式表达的元数学意义就是："哥德尔数为 sub(n,17,n)的公式不可证明"。精彩的是，这个形式化数学公式 Λ 所对应的哥德尔数就是 sub(n,17,n)。这是因为，根据 sub(n,17,n)的定义，它就是用公式 Ω 所对应的哥德尔数 n，去替代变量 y，得到公式 Λ，此 Λ 所对应的哥德尔数，就

是 $\text{sub}(n,17,n)$。有了这个结论便可展示形式化数学系统的不完备性。证明如下：如果公式 Λ 可证，考虑其否定形式 $\sim\Lambda$

$$(\exists x)\text{Dem}(x,\text{Sub}(n,17,n))$$

其意义是"Λ 是可证的"，这表明否定形式 $\sim\Lambda$ 也可证；反过来，如果公式 Λ 的否定形式可证，那么公式 Λ 本身也可证。因此我们得到：Λ 可证，当且仅当 $\sim\Lambda$ 可证。如果一个公式及其否定形式都可从演算中推导出来，那么这个演算系统就不是一致的。因此，如果形式化演算系统一致，那么 Λ 和 $\sim\Lambda$ 都是不可判定的。但我们从元数学推理可知：Λ 和 $\sim\Lambda$ 中必有一个为真。这表明至少有一个真命题无法从形式化演算系统推演出来。这就证明了，我们的形式化演算系统是不完备的。

上述证明还可从另一角度来理解。我们知道形式化数学命题和元数学命题是两个不同层次的命题。由第 10 章对罗素悖论的分析可知，不同层次的无穷集合放在一起处理会导致悖论。哥德尔证明的关键就在于他构思的编码系统可以同时适用于这两个不同层次的命题，让这两个不同层次的命题自由地转化，故这样的形式化演绎系统会导致不一致也是很自然的事情。

要发展正确思维的技巧，首先就要搞明白必须忽略什么。

为了前进，你必须懂得要丢弃什么：这是有效思维的本质。

——哥德尔

Gettysburg Address

Four score and seven years ago our fathers brought forth on this continent a new nation, conceived in Liberty, and dedicated to the proposition that all men are created equal.

Now we are engaged in a great civil war, testing whether that nation, or any nation so conceived and so dedicated, can long endure. We are met on a great battle field of that war. We have come to dedicate a portion of that field, as a final resting place for those who here gave their lives that nation might live. It is all together fitting and proper that we should do this.

But, in a larger sense, we cannot dedicate — we cannot consecrate — we cannot hallow — this ground. The brave men, living and dead, who struggled here, have consecrated it far above our poor power to add or detract. The world will little note, nor long remember what we say here, but it can never forget what they did here. It is for us the living, rather, to be dedicated here to the unfinished work which they who fought here have thus far so nobly advanced. It is rather for us to be here dedicated to the great task remaining before us — that from these honored dead we take increased devotion to that cause for which they gave the last full measure of devotion — that we here highly resolve that these dead shall not have died in vain — that this nation, under God, shall have a new birth of freedom — and that government of the people, by the people, for the people, shall not perish from the earth.

第 12 章

群论形之下

群论其实不复杂，核心东西并不多。一个集合，存在一种运算，其元素在运算作用下如果能自洽地玩起来，这个集合便是群。如果这个集合有一个子集，也是一个群，那么这个子集就是一个子群，而且这个子群所含元素个数一定是群所含元素个数的约数。进一步，如果这个子群的左、右陪集相等，那么这个子群就是正规子群，群与正规子群之间可以建立除法，得到商群。这几句话就是群论的核心。群论的要点虽然不多，但极其锐利，因为很多复杂的系统都存在这种结构，一旦确定一个系统有这种结构，再复杂的系统也变得清晰、简单了。

下面要问的是，这么点东西怎么需要几代杰出的数学家不懈地努力才能获得？在结束本书之前，不妨对此再作一点思考。

群论之所以难以获得，在于其形不显。群论似混乱散埋在方程求解问题之中。构建群论就像炼金一样，要不断筛选、提炼、打造，最后才能成形。好的问题就像金矿。要从问题中提炼出理论，需要长时间消化、理解、提炼、想象。

群论之所以难以获得，在于其音之弱、之怪。或许只有在万籁俱寂之下，摒除杂念，才能听其音、识其音。轰轰烈烈、集中力量、复兴、超越、需求等都是杂念、杂音，干扰着我们的听力。识音之要，在于心之静、境之静。其实，一切原创东西的获得大概都是如此。群论来自于新的观察角度。这个新的观察角度，来自心灵真实的感知、拷问，正是牛顿所说的“真理是沉默和冥想的产物。”

或许，群论获得的最难之处，还在于获得之前不知其存在与否。这也是一切原创的本质特征。这也就决定着一切原创工作起于杂乱无序。没有了杂乱无序，也就失去了原创的源头。从事这样工作的人与在确定理论指导下开展工作的人有着根本不同。这样的人往往都是独立、自由、散漫、真实地感受着这个世界的一切。被外界目标驱使着、被条条框框约束着、目标却又十分坚定的人，往往会失去对生活真实的敏锐感受能力，失去对生活的真正创造能力。任何理论都是双刃剑，既是我们思考的支撑工具，也是束缚我们思考的镣铐。与真实世界相比，理论虽然常常显得简洁有力，但无法避免其片面、苍白的本质。理论就像大海里的一条船，即便是航空母舰，与大海相比也微不足道。盲目相信理论、一味固守理论，往往使生活变得单调，异化，僵化，亡寂！难怪牛顿说："我只是一位在海边拾贝壳的小孩。"因此，真实世界才是人类的根本，才是人类的立足之地。应无所住，而生其心。一个社会，要想有源源不断的原始创新，要生机勃勃，根本上需要在价值观念上、法律上、经济上保证人能独立、自由、真实地生活着，保证社会有无限层次的多样性。

苹果首席执行官库克曾针对隐私保护说："如果我们生活中的一切都可以被聚合、被出售，那么我们失去的不仅仅是数据，我们也将失去身而为人的自由。"本书或许进一步注解了：这也将意味着失去活力和创造力！

后记

作完这本书，让我对生命又有了些新的感受：

假如总是为了目标而活着，

或许能创造异化的奇迹，

却往往会失去会心的微笑；

假如总是为了荣誉而活着，

或许会很君子，

却未必是值得的沉重；

假如为了信仰而活着，

看似会很崇高，

却是为了死去而活着；

唯有为了真实和自由而活着，

即便死去，

也是为了重生。

真实免了失去感觉！

自由才能不断觉醒！

我只是一个在海边拾贝壳的小孩。

——牛顿

知尽性至命，必本于孝悌，穷神知化，由通于礼乐。

——程颐《明道先生行状》